建筑施工特种作业人员安全培训系列教材

建筑架子工
(普通脚手架)

李继业　蔺菊玲　主编

中国建材工业出版社

图书在版编目（CIP）数据

建筑架子工. 普通脚手架/李继业，蔺菊玲主编.
—北京：中国建材工业出版社，2019.1
建筑施工特种作业人员安全培训系列教材
ISBN 978-7-5160-2357-0

Ⅰ.①建…　Ⅱ.①李…　②蔺…　Ⅲ.①脚手架—工程施工—安全培训—教材　Ⅳ.①TU731.2

中国版本图书馆 CIP 数据核字（2018）第 180890 号

内容简介

本书根据国家针对建筑施工现场特殊工种作业人员的教育培训要求及最新的国家及行业标准、规范及施工现场的新技术、新工艺等编写而成。

本书语言简洁，注重施工现场特殊作业人员的理解力，注重通俗性、先进性、针对性和实用性，理论与实践相结合，具有可操作性强、通俗易懂等显著特点。本书既可作为特殊工种作业人员的培训用书，也可作为脚手架工程施工技术人员和技工的参考用书。

建筑架子工（普通脚手架）
李继业　蔺菊玲　主编

出版发行：	中国建材工业出版社
地　　址：	北京市海淀区三里河路 1 号
邮　　编：	100044
经　　销：	全国各地新华书店
印　　刷：	北京雁林吉兆印刷有限公司
开　　本：	850mm×1168mm　1/32
印　　张：	7.125
字　　数：	180 千字
版　　次：	2019 年 1 月第 1 版
印　　次：	2019 年 1 月第 1 次
定　　价：	**23.00 元**

本社网址：www.jccbs.com，微信公众号：zgjcgycbs
请选用正版图书，采购、销售盗版图书属违法行为
版权专有，盗版必究。本社法律顾问：北京天驰君泰律师事务所，张杰律师
举报信箱：zhangjie@tiantailaw.com　　举报电话：(010)68343948
本书如有印装质量问题，由我社市场营销部负责调换，联系电话：(010)88386906

前　言

　　脚手架是建筑工程及其他土木工程施工中不可缺少的空中作业临时设施，无论是结构施工还是室内外装饰施工，以及设备安装及使用中的养护维修，都需要根据实际情况选择和搭设脚手架。工程实践证明，脚手架不仅对工程的施工进度、工程质量、工程造价有直接影响，而且对企业的经济效益和施工人员的人身安全更具有重要影响。

　　如何选择、设计、搭设和拆除脚手架，是施工企业的一个重要课题。尤其是随着建筑工程向高、大、深、新发展，建筑施工难度日益加大，给脚手架的设计、搭设和使用提出了更高的要求。有一些建筑企业对脚手架施工极不重视，存在重使用、轻维修，重效益、轻安全等错误做法。

　　近年来，各级政府和施工企业已开始重视脚手架工程，陆续颁布了《建筑施工脚手架安全技术统一标准》(GB 51210—2016)、《建筑施工碗扣式钢管脚手架安全技术规范》(JGJ 166—2016)、《建筑施工门式钢管脚手架安全技术规范》(JGJ 128—2010)、《建筑施工扣件式钢管脚手架安全技术规范》(JGJ 130—2011)、《建筑施工高处作业安全技术规范》(JGJ 80—2016)等标准、规范，为脚手架的设计、搭设、使用、拆除和安全管理提出了具体要求，使脚手架工程逐步走上标准化和规范化的道路，这一系列措施必将有力推动各类建筑工程的发展。

　　本书根据国家对建筑施工现场特殊作业人员的考核要求，依据国家和行业最新颁布的标准、规范和规程等编写而成。本书编写参考有关施工企业的施工经验,理论与实践结合、实用与实效并重、文字与图表并茂,内容先进、全面、简洁、实用,可满足特殊工种作业人员对脚手架技工的实际需要,是一本实用性很强的脚手架技术培训用书。

  本书由李继业、蔺菊玲担任主编,张峰、李海豹参加了编写。李继业负责全书的统稿,蔺菊玲负责全书的资料收集和校对。具体分工:蔺菊玲撰写第一章、第二章、第三章;张峰撰写第四章、第五章;李海豹撰写第六章;李继业撰写第七章。

  由于编者水平有限,加之编写时间比较仓促,错误和遗漏在所难免,恳请广大读者批评指正。

编 者

2018 年 4 月于泰山

目 录

第一章 脚手架基础知识 ……………………………………… 1
  第一节 脚手架作用与分类 …………………………………… 1
  第二节 脚手架对材料的基本要求 …………………………… 5
  第三节 脚手架对构造要求 …………………………………… 9
  第四节 建筑力学基础知识 …………………………………… 15

第二章 碗扣式钢管脚手架 …………………………………… 21
  第一节 碗扣式钢管脚手架的主要特点 ……………………… 21
  第二节 碗扣式钢管脚手架构配件要求 ……………………… 24
  第三节 碗扣式钢管脚手架的构造要求 ……………………… 29
  第四节 碗扣式钢管脚手架的施工 …………………………… 41
  第五节 碗扣式钢管脚手架的检查验收 ……………………… 45
  第六节 碗扣式钢管脚手架的安全管理 ……………………… 48

第三章 门式钢管脚手架 ……………………………………… 52
  第一节 门式钢管脚手架的构配件 …………………………… 52
  第二节 门式钢管脚手架构造要求 …………………………… 56
  第三节 门式钢管脚手架搭设与拆除 ………………………… 71
  第四节 门式钢管脚手架检查与验收 ………………………… 74
  第五节 门式钢管脚手架的安全管理 ………………………… 80

第四章 扣件式钢管脚手架 …………………………………… 83
  第一节 扣件式钢管脚手架的基本组成 ……………………… 83
  第二节 扣件式钢管脚手架的构造 …………………………… 88

第三节　扣件式钢管脚手架的搭设与拆除 …………… 99
　　第四节　扣件式钢管脚手架的安全技术 ……………… 105
第五章　其他常用的脚手架 ………………………………… 109
　　第一节　悬挑式脚手架 ………………………………… 109
　　第二节　悬吊式脚手架 ………………………………… 117
　　第三节　里脚手架 ……………………………………… 130
第六章　脚手架安全设施与管理 …………………………… 136
　　第一节　脚手架产生事故的原因分析 ………………… 136
　　第二节　脚手架的安全技术措施 ……………………… 139
　　第三节　架子工安全操作规程 ………………………… 142
　　第四节　对脚手架的质量检查内容 …………………… 145
　　第五节　脚手架事故的预防控制措施 ………………… 149
　　第六节　架子工的安全防护 …………………………… 151
第七章　脚手架工程的施工方案 …………………………… 168
　　第一节　脚手架设置与使用的一般要求 ……………… 168
　　第二节　脚手架施工方案的编制 ……………………… 179
　　第三节　碗扣式钢管脚手架施工方案 ………………… 186
　　第四节　扣件式钢管脚手架施工方案 ………………… 196
　　第五节　悬挑式脚手架专项施工方案 ………………… 207
参考文献 ……………………………………………………… 222

第一章 脚手架基础知识

脚手架是土木建筑工程施工中不可缺少的重要设施，是为保证高处作业安全、顺利进行施工而搭设的工作平台或作业通道，在建筑结构施工、装饰装修施工和设备管道安装中，都需要按照实际操作的要求搭设脚手架。

脚手架是土木建筑工程施工的临时设施，是随着工程进展的需要而搭设的，在所建工程完成后拆除，但它对土木建筑工程的施工速度、工作效率、工程质量、工程造价和人身安全有着直接的影响。因此，脚手架的选型、构造、搭设质量等方面决不可疏忽大意、轻率对待。

第一节 脚手架作用与分类

脚手架在我国经历了三个发展阶段，在20世纪60年代以前是传统的竹、木脚手架阶段，依靠架子工人的施工经验进行搭设，并积累了丰富的搭设经验；在20世纪60年代至70年代末，扣件式钢管脚手架得到迅速推广和应用，并和竹、木脚手架形式共同使用的阶段；自20世纪80年代，各式各样的脚手架得到迅速发展，进入了以科学的设计和计算为依据搭设和标准化管理的阶段。

一、脚手架的作用

建筑工程施工实践证明，脚手架是建筑工程施工作业中不可缺少的手段和设备工具,是为施工现场工作人员生产和堆放部分建筑材料所提供的操作平台,它既要满足施工操作的需要,又要为保证建筑工程施工质量、提高工作效率和确保施工安全创造条件。归纳起来,脚手架主要有以下方面:

(1) 脚手架是建筑工程的操作平台,是保证建筑物在立面上连续施工的重要设备,是确保建筑物顺利施工的重要物质基础。

(2) 脚手架是工程施工人员操作的地方,能满足施工操作所需要的运料、堆料和放置工具的要求,并有利于工人的施工操作。

(3) 脚手架的上部由防护栏杆、脚手板等组成,并设置安全网,对高空作业人员能起到防护作用,以确保施工人员的人身安全。

(4) 脚手架随着建筑物的施工高度进行搭设,这样有利于工人操作,对于确保工程施工质量和施工速度非常重要。

(5) 建筑工程的施工是比较复杂的,脚手架能满足多层作业、交叉作业、流水作业和多工种之间配合作业的要求。

二、脚手架的分类

土木建筑工程中所用的脚手架,其分类方法很多,通常可按脚手架的主要用途不同分类、按脚手架的设置状态不同分类、按脚手架的搭设位置不同分类、按脚手架的杆件配件不同分类和按脚手架的设置形式不同分类等。

(一) 按脚手架的主要用途不同分类

按脚手架的主要用途不同分类,一般可分为以下四类:

(1) 结构工程作业脚手架。结构工程作业脚手架,简称为结构脚手架,它是为满足结构工程施工作业需要而设置的脚手架,在建筑工程上也称为砌筑脚手架。

(2) 装修工程作业脚手架。装修工程作业脚手架,简称为装修脚手架，它是为满足装修工程施工作业需要而设置的脚手架。

（3）支撑和承重脚手架。支撑和承重脚手架，简称为承重脚手架，它是为支撑模板及其荷载或为满足其他承重要求而设置的脚手架。

（4）防护脚手架。防护脚手架是为确保施工安全而设置的专门脚手架，主要包括作业围护用墙式单排脚手架和通道防护棚等。

（二）按脚手架的设置状态不同分类

按脚手架的设置状态不同，可以分为很多种脚手架，在建筑工程中常见的有落地式脚手架、悬挑脚手架、挂脚手架、吊脚手架、桥式脚手架和移动式脚手架等。

（1）落地式脚手架。这种脚手架荷载通过立杆传递给架设脚手架的地面、楼面、屋面或其他支持结构物。落地式脚手架具有构造简单、传力合理、安全可靠、搭设方便、造价适宜等特点，在多层建筑中比较常见。

（2）挑脚手架。这是一种从建筑物内伸出的或固定于工程结构外侧的悬挑梁或其他悬挑结构上向上搭设的脚手架，脚手架通过悬挑结构将荷载传递给工程结构承担。悬挑脚手架在建筑施工中的应用越来越广泛。相对于落地式钢管脚手架，悬挑式脚手架具有投入低、周转快、节约工期等优点。

（3）挂脚手架。挂脚手架是采用型钢焊制成定型刚架，用挂钩等措施挂在建筑结构内埋设的钩环上，或在墙上预留孔用螺杆将脚手架固定附着在外墙上，随结构施工往上逐层提升。挂脚手架具有制作简单、用料较少等优点，主要用于多层建筑的外墙粉刷、勾缝等作业，但由于其稳定性差，如使用不当易发生事故，所以在施工中应特别注意其稳定性。

（4）吊脚手架。吊脚手架是利用吊索悬吊吊架或吊篮进行砌筑或装饰工程操作的一种脚手架。其悬吊方法是在主体结构上设置支承点。吊脚手架主要由吊架（包括桁架式工作台和吊篮）、支承设施（包括支承挑梁和挑架）、吊索（包括钢丝绳、铁链、钢筋）及升降装置等部分组成。当脚手架为篮式构造时，则称为"吊篮"。

（5）桥式脚手架。桥式脚手架又称桁架工作平台或横桥，是由桥式工作台及其两端支柱构成的脚手架，桥式工作台可在两支柱之间自由提升和下降。桥架一般由两个单片桁架用水平横杆和剪刀撑连接组装而成，并在上面铺设脚手板。支承架由钢管或角钢等组成，也可用钢管脚手架或框式脚手架搭成。这种脚手架主要用于工业和民用建筑的砌筑及外装修工程，在结构施工阶段也可支挂安全网作为外防护架。其特点是：结构体系简单、加工方便；桥架工具定型化，能多次周转使用；装拆方便，劳动工效高；改善劳动条件，施工操作安全。

（6）移动式脚手架。移动式脚手架是一种自身具有稳定结构、可以移动使用的脚手架，如液压滑模等。移动式脚手架主要应用于室内外装修、门面广告、桥梁支撑、模板支撑等用途。移动式脚手架具有装卸方便、安全可靠、价惠实用等优点。

（三）按脚手架的搭设位置不同分类

按脚手架的搭设位置不同分类，在建筑工程中主要有外脚手架和里脚手架两大类。

（1）外脚手架。外脚手架是建筑工程中最常用的施工脚手架，即沿着建筑物外墙的外侧周边搭设的一种脚手架，这种脚手架既可用于砌筑工程，也可用于外装修工程。

（2）里脚手架。里脚手架是用于建筑物内墙的砌筑、装修用的脚手架。在工程施工的过程中，里脚手架搭设在各层楼板上，每层楼板只需搭设 2~3 步。

（四）按脚手架的杆件配件不同分类

按脚手架的杆件配件不同分类，可分为木、竹脚手架、扣件式钢管脚手架、碗扣式钢管脚手架、门式钢管脚手架和其他连接形式钢管脚手架。

（五）按脚手架的设置形式不同分类

按脚手架的设置形式不同分类，可分为单排脚手架、双排脚手架、多排脚手架、满堂脚手架、满高脚手架、交圈脚手架和特形脚手架等。

(1) 单排脚手架。只有一排立杆的脚手架，其横向平杆的另一端搁置在墙体结构上。由于这种脚手架的稳定性很差，现在已经很少应用，一般只作临时防护。

(2) 双排脚手架。双排脚手架从剖面看是有两排立杆的脚手架，另外还有大横杆和小横杆，有落地式的，也有悬挑的，还有爬升的，具体根据工程情况选择。

(3) 多排脚手架。多排脚手架是具有 3 排以上立杆的脚手架。

(4) 满堂脚手架。按施工作业范围满设的、两个方向各有 3 排以上立杆的脚手架。

(5) 满高脚手架。按墙体或施工作业最大高度、由地面起满高度设置的脚手架。

(6) 交圈脚手架。交圈脚手架也称为周边脚手架，这是一种沿建筑物或作业范围周边设置并相互交圈连接的脚手架。

(7) 特形脚手架。具有特殊平面和空间造型的脚手架，如用于烟囱、水塔、冷却塔以及其他平面为圆形、环形、外方内圆形、多边形和上扩及上缩等特殊形式的建筑施工脚手架。

第二节 脚手架对材料的基本要求

脚手架是建筑工程中不可缺少的临时设施，工程实践证明，脚手架对于工程质量、施工速度、现场布置、工程造价和安全施工均有重要影响。因此，对脚手架有以下基本要求：

（1）脚手架是建筑工程施工的重要场所，其宽度应满足工人操作、材料堆放和材料运输的需要，不能过宽和过窄。

（2）在脚手架上进行操作属于高空承重作业，必须保证脚手架有足够的强度、刚度和稳定性，这样才能确保施工顺利和施工人员的安全。

（3）脚手架是构成建筑工程造价的重要组成部分，应当力求构造简单、装拆方便、多次周转使用，尽量降低摊销费用。

脚手架要具有足够的强度、刚度和稳定性，在很大程度上主要取决于脚手架材料的优劣，因此，材料能否符合基本要求是脚手架质量好坏的关键。

建筑脚手架所用的材料、构配件，在现行国家标准《建筑施工脚手架安全技术统一标准》（GB 51210—2016）中有明确的规定：

（1）脚手架所用钢管宜采用现行国家标准《直缝电焊钢管》（GB/T 13793—2008）或《低压流体输送用焊接钢管》（GB/T 3091—2015）中规定的普通钢管，其材质应符合现行国家标准《碳素结构钢》（GB/T 700—2006）中 Q235 级钢或《低合金高强度结构钢》（GB/T 1591—2008）中 Q345 级钢的规定。钢管外径、壁厚、外形允许偏差应符合表 1-1 的规定。

（2）脚手架所使用的型钢、钢板、圆钢应符合现行国家相关标准的规定，其材质应符合现行国家标准《碳素结构钢》（GB/T 700—2006）中 Q235 级钢或《低合金高强度结构钢》（GB/T 1591—2008）中 Q345 级钢的规定。

（3）用铸铁或铸钢制作的脚手架构配件材质应符合现行国家标准《可锻铸铁件》（GB/T 9440—2010）中 KTH-330-08 或《一般工程用铸造碳钢件》（GB/T 11352—2009）中 ZG270-500 的规定。

表 1-1 钢管外径、壁厚、外形允许偏差

钢管直径（mm）	外径（mm）	壁厚（mm）	外形偏差		
			弯曲度（mm/m）	椭圆度（mm）	管端截面
≤20	±0.3	±1.0S	1.5	0.23	与轴线垂直、无毛刺
21～30					
31～40	±0.5			0.38	
41～50			2.0		
51～70	±1.0			7.5/1000D	

注：S 为钢管壁厚；D 为钢管直径。

（4）木脚手架主要受力杆件应选用剥皮杉木或落叶松木，其材质应符合下列规定：

①立杆、斜撑杆应符合现行国家标准《木结构设计标准》（GB 50005—2017）中承重结构原木Ⅲa级的规定；

②水平杆及连墙杆应符合现行国家标准《木结构设计标准》（GB 50005—2017）中承重结构原木Ⅱa级的规定。

（5）竹脚手架主要受力杆件应选用生长期3～4年的毛竹，竹竿应挺直、坚韧，不得使用枯脆、腐烂、虫蛀及裂纹连通两节以上的竹竿。

（6）脚手板应满足强度、耐久性和重复使用要求，钢脚手板材质应符合现行国家标准《碳素结构钢》（GB/T 700—2006）中Q235级钢的规定；冲压钢板脚手板的钢板厚度不宜小于1.5mm，板面冲孔内切圆直径应小于25mm。

（7）底座和托座应经设计计算后加工制作，其材质应符合现行国家标准《碳素结构钢》（GB/T 700—2006）中Q235级钢或《低合金高强度结构钢》（GB/T 1591—2008）中Q345级钢的规定，并应符合下列要求：

①底座的钢板厚度不得小于6mm，托座U形钢板厚度不得小于5mm，钢板与螺杆应采用环焊，焊缝高度不应小于钢板厚

度,并宜设置加劲板;

②可调底座和可调托座螺杆插入脚手架立杆钢管的配合公差应小于 2.5mm;

③可调底座和可调托座螺杆与可调螺母啮合的承载力应高于可调底座和可调托座的承载力,应通过计算确定螺杆与调节螺母啮合的齿数,螺母厚度不得小于 30mm。

(8) 材料、构配件几何参数的标准值,应采用设计规定的公称值;工厂化生产的构配件几何参数实测平均值应符合设计公称值。

(9) 钢筋吊环或预埋锚固螺栓材质应符合现行国家标准《混凝土结构设计规范》(GB 50010—2010) 的规定。

(10) 脚手架所用钢丝绳应符合现行国家标准《一般用途钢丝绳》(GB/T 20118—2006)、《重要用途钢丝绳》(GB/T 8918—2006)、《钢丝绳用普通套环》(GB/T 5974.1—2006) 和《钢丝绳夹》(GB/T 5976—2006) 的规定。

(11) 金属类脚手架的结构连接材料应符合下列规定:

①手工焊接所采用的焊条应符合现行国家标准《非合金钢及细品粒钢焊条》(GB/T 5117—2012) 或《热强钢焊条》(GB/T 5118—2012) 的规定,选择的焊条型号应与所焊接金属物理性能适应。

②自动焊接或半自动焊接所采用的焊丝应符合现行国家标准《熔化焊用钢丝》(GB/T 14957—1994)、《气体保护电弧焊用碳钢、低合金钢焊丝》(GB/T 8110—2008)、《碳钢药芯焊丝》(GB/T 10045—2001) 和《低合金钢药芯焊丝》(GB/T 17493—2008) 的规定,选择的焊丝和焊剂应与被焊金属物理性能适应。

③普通螺栓应符合现行国家标准《六角头螺栓 C 级》(GB/T 5780—2016) 的规定,其机械性能应符合国家标准《紧固件机械性能 螺栓、螺钉和螺柱》(GB/T 3098.1—2010) 的规定。

(12) 脚手架挂扣式连接、承插式连接的连接件应有防止退出或防止脱落的措施。

(13) 周转使用的脚手架杆件、构配件应制定维修检验标准，每使用一个安装拆除周期后，应及时检查、分类、维护、保养，对不合格品应及时报废。

(14) 脚手架构配件应具有良好的互换性，且可重复使用。构配件出厂质量应符合国家相关产品标准的要求，杆件、构配件的外观质量应符合下列规定：

①不得使用带有裂纹、折痕、表面明显凹陷、严重锈蚀的钢管；

②铸件的表面应光滑，不得有砂眼、气孔、裂纹、浇冒口残余等缺陷，表面粘砂应当清除干净；

③冲压件不得有毛刺、裂纹、明显变形、氧化皮等缺陷；

④焊接件的焊缝应饱满，焊渣应清除干净，不得有未焊透、夹渣、咬肉、裂纹等缺陷。

(15) 工厂化制作的构配件应有生产厂的标志。

第三节 脚手架对构造要求

建筑施工脚手架对构造的要求，在现行国家标准《建筑施工脚手架安全技术统一标准》(GB 51210—2016) 中有明确的规定，在选择、搭设和使用脚手架时应严格执行。

一、脚手架构造要求的一般规定

(1) 建筑施工脚手架的构造和组架工艺应能满足施工需要，并应保证架体牢固、稳定。

(2) 建筑施工脚手架杆件连接节点应满足其强度和转动刚度要求，应确保架体在使用期内安全，节点无松动。

(3) 建筑施工脚手架所用杆件、节点连接件、构配件等应能配套使用，并应能满足各种组架方法和构造的要求。

(4) 建筑施工脚手架的竖向和水平剪刀撑，应当根据其种类、荷载、结构和构造设置；剪刀撑斜杆应与相邻立杆连接牢固，可采用斜撑杆、交叉拉杆代替剪刀撑；门式钢管脚手架设置的纵向交叉拉杆可替代纵向剪刀撑。

(5) 竹脚手架应只用于作业脚手架和落地满堂支撑脚手架，木脚手架可用于作业脚手架和支撑脚手架。竹、木脚手架的构造及节点连接技术要求应符合脚手架相关国家现行标准的规定。

二、作业脚手架的构造要求

(1) 为便于施工人员操作，作业脚手架的宽度不应小于0.8m，且不宜大于1.2m。作业层的高度不应小于1.7m，且不宜大于2.0m。

(2) 作业脚手架应按设计计算和构造要求设置连墙杆，并应符合下列规定：

①连墙杆应采用能承受压力和拉力的构造，并应与建筑结构和架体连接牢固；

②连墙点的水平间距不得超过3跨，竖向间距不得超过3步，连墙点之上架体的悬臂高度不应超过3步；

③在架体的转角处、开口型作业脚手架端部应增设连墙杆，连墙杆的垂直间距不应大于建筑物的层高，且不应大于4.0m。

(3) 在作业脚手架的纵向外侧立面上应设置竖向剪刀撑，并应符合下列规定：

①每道剪刀撑的宽度应为4~6跨，且不应小于6.0m，也不应大于9.0m；剪刀撑斜杆与水平面的倾角应在45°~60°之间；

②脚手架的搭设高度在24m以下时，应在架体两端、转角及中间每隔不超过15m各设置一道剪刀撑，并由底至顶连续设置；脚手架的搭设高度在24m以上时，应在全外侧立面上由底至顶连

续设置；

③悬挑脚手架、附着式升降脚手架应在外侧立面上由底至顶连续设置竖向剪刀撑。

（4）当采用竖向斜撑杆、竖向交叉拉杆替代作业脚手架竖向剪刀撑时，应符合下列规定：

①在作业脚手架的端部、转角处应各设置一道；

②搭设高度在24m以下时，应每隔5～7跨设置一道；搭设高度在24m及以上时，应每隔1～3跨设置一道；相邻竖向斜撑杆应对称呈八字形设置。作业脚手架竖向斜撑杆布置示意如图1-1所示。

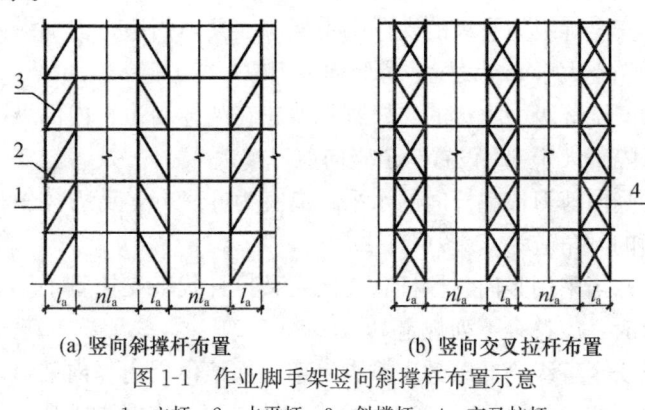

(a) 竖向斜撑杆布置　　　　(b) 竖向交叉拉杆布置

图1-1　作业脚手架竖向斜撑杆布置示意

1—立杆；2—水平杆；3—斜撑杆；4—交叉拉杆

③每道竖向斜撑杆、竖向交叉拉杆应在作业脚手架外侧相邻纵向立杆间由底至顶按步连续设置。

（5）作业脚手架底部立杆上应设置纵向和横向扫地杆。

（6）悬挑脚手架立杆底部应与悬挑支承结构可靠连接；应在立杆底部设置纵向扫地杆，并应间断设置水平剪刀撑或水平斜撑杆。

（7）作业脚手架的作业层上应满铺脚手板，并应采取可靠的连接方式与水平杆固定。当作业层边缘与建筑物间隙大于150mm时应采取防护措施。作业层外侧应设置栏杆和挡脚板。

三、支撑脚手架的构造要求

（1）支撑脚手架的立杆间距和步距应按设计计算确定，且间距不宜大于1.5m，步距不应大于2.0m。

（2）支撑脚手架独立架体的高宽比不应大于3.0。

（3）当有既有建筑结构时，支撑脚手架应与既有建筑结构可靠连接，连接点至架体主节点的距离不宜大于300mm，应与水平杆同层设置，并应符合下列规定：连接点竖向间距不宜超过2步；连接点水平向间距不宜大于8m。

（4）支撑脚手架应设置竖向剪刀撑，并应符合下列规定：

①安全等级为Ⅱ级的支撑脚手架应在架体周边、内部纵向和横向每隔不大于9m设置一道竖向剪刀撑；

②安全等级为Ⅰ级的支撑脚手架应在架体周边、内部纵向和横向每隔不大于6m设置一道竖向剪刀撑；

③竖向剪刀撑斜杆间的水平距离宜为6～9m，剪刀撑斜杆与水平面的倾角应为45°～60°。

（5）当采用竖向斜撑杆、竖向交叉拉杆代替支撑脚手架竖向剪刀撑时，应符合下列规定：

①安全等级为Ⅱ级的支撑脚手架应在架体周边、内部纵向和横向每隔6～9m设置一道；安全等级为Ⅰ级的支撑脚手架应在架体周边、内部纵向和横向每隔4～6m设置一道；每道竖向斜撑杆、竖向交叉拉杆可沿支撑脚手架纵向、横向每隔2跨在相邻立杆间从底至顶连续设置（如图1-2所示）；也可沿支撑脚手架竖向每隔2步距连续设置。竖向斜撑杆采用八字形对称布置，如图1-3所示。

②支撑脚手架上的荷载标准值大于$30kN/m^2$时，可采用塔形桁架矩阵式布置，塔形桁架的水平截面形状及布局，可根据荷载等因素选择。竖向塔形桁架、水平斜撑杆布置示意如图1-4所示。

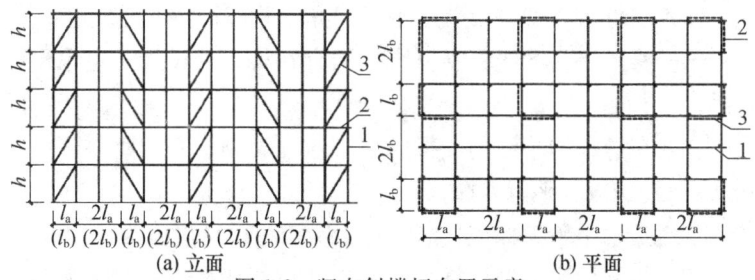

图 1-2 竖向斜撑杆布置示意
1—立杆；2—水平杆；3—斜撑杆

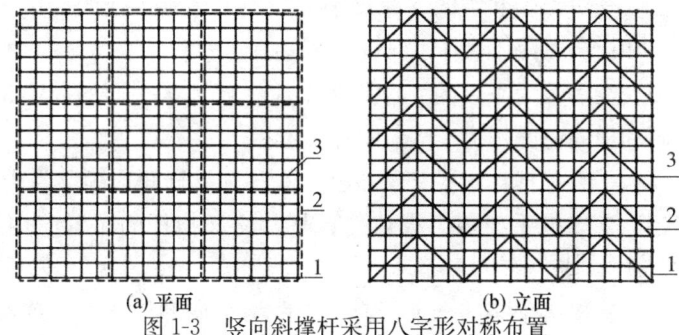

图 1-3 竖向斜撑杆采用八字形对称布置
1—立杆；2—水平杆；3—斜撑杆

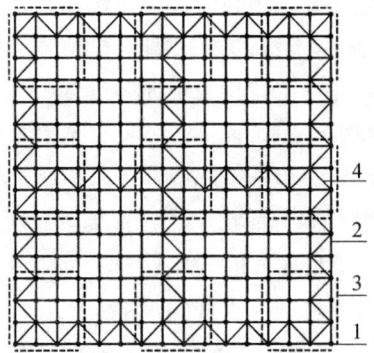

图 1-4 竖向塔形桁架、水平斜撑杆布置示意
1—立杆；2—水平杆；3—竖向塔形桁架；4—水平斜撑杆

(6) 支撑脚手架应设置水平剪刀撑，并应符合下列规定：

①安全等级为Ⅱ级的支撑脚手架宜在架顶处设置一道水平剪刀撑；

②安全等级为Ⅰ级的支撑脚手架应在架顶、竖向每隔不大于8m各设置一道水平剪刀撑；

③每道水平剪刀撑应连续设置，剪刀撑的宽度宜为6～9m。

(7) 当采用水平斜撑杆、水平交叉拉杆代替支撑脚手架每层的水平剪刀撑时，应符合下列规定：

①安全等级为Ⅱ级的支撑脚手架应在架体水平面的周边、内部纵向和横向每隔不大于12m设置一道；

②安全等级为Ⅰ级的支撑脚手架应在架体水平面的周边、内部纵向和横向每隔不大于8m设置一道；

③水平斜撑杆、水平交叉拉杆应在相邻立杆间连续设置。

(8) 支撑脚手架剪刀撑或斜撑杆、交叉拉杆的布置应均匀、对称。

(9) 支撑脚手架的水平杆应按步距沿纵向和横向通长连续设置，不得缺失。在支撑脚手架立杆底部应设置纵向和横向扫地杆，水平杆和扫地杆应与相邻立杆连接牢固。

(10) 安全等级为Ⅰ级的支撑脚手架顶层2步距范围内架体的纵向和横向水平杆宜按减小步距加密设置。

(11) 当支撑脚手架顶层水平杆承受荷载时，应经计算确定其杆端悬臂长度，并应小于150mm。

(12) 当支撑脚手架局部所承受的荷载较大，立杆需加密设置时，加密区的水平杆应向非加密区延伸不少于一跨；非加密区立杆的水平间距应与加密区立杆的水平间距互为倍数。

(13) 支撑脚手架的可调底座和可调托座插入立杆的长度不应小于150mm，可调螺杆的外伸长度较大时，宜在水平方向设有限位措施，其可调螺杆的长度应按计算确定。

(14) 当支撑脚手架同时满足下列条件时,可不设置竖向、水平剪刀撑。

①支撑脚手架的搭设高度小于 5m,架体高宽比小于 1.5;

②被支承结构自重面荷载不大于 5kN/m²;线荷载不大于 8kN/m;

③杆件连接节点的转动刚度符合《建筑施工脚手架安全技术统一标准》(GB 51210— 2016)中的要求;

④立杆基础均匀,满足承载力要求。

(15) 满堂支撑脚手架应在外侧立面、内部纵向和横向每隔 6～9m 由底至顶连续设置一道竖向剪刀撑;在顶层和竖向间隔不大于 8m 处各设置一道水平剪刀撑,并应在底层立杆上设置纵向和横向扫地杆。

(16) 可移动的满堂支撑脚手架搭设高度不应超过 12m,高宽比不应大于 1.5。应在外侧立面、内部纵向和横向间隔不大于 4m 处由底至顶连续设置一道竖向剪刀撑;应在顶层、扫地杆设置层和竖向间隔不超过 2 步分别设置一道水平剪刀撑。应在底层立杆上设置纵向和横向扫地杆。

(17) 可移动的满堂支撑脚手架应有同步移动控制措施。

第四节 建筑力学基础知识

一、力的基本概念

力的概念来源于生产实践。伽利略和牛顿在总结前人研究成果的基础上,对力作了如下定义:力是物体之间的相互作用。这种作用会使物体的运动发生改变,或使物体发生变形。力是物体之间的相互作用,力不能脱离物体而单独存在。

力对物体的作用效果取决于三个要素:力的大小、方向、作用点。力的大小反映物体相互间作用的强弱程度，它可以通过力的外效应和内效应的大小来度量。力的方向表示物体间的相互作用具有方向性，它包括力所顺沿的直线（称为力的作用线）在空间的方位和沿其作用线的指向。力的作用点是物体间相互作用位置的抽象化表现。力的三要素中的任何一个如有改变，则力对物体的作用效果也将发生改变。

二、脚手架的荷载

在建筑工程的施工过程中，脚手架将承受各种各样的施工荷载。为确保施工安全和施工进度，应对脚手架进行受力分析，通过设计计算确定脚手架的搭设和组成。在现行行业标准《建筑施工脚手架安全技术统一标准》（GB 51210—2016）中，对建筑施工脚手架的荷载分类及标准值有明确的规定。

（一）荷载分类及标准值

（1）作用于脚手架的荷载应分为永久荷载和可变荷载。

（2）脚手架的永久荷载应包含下列项目：脚手架结构件自重；脚手板、安全网、栏杆等附件的自重；支撑脚手架的支撑体系自重；支撑脚手架之上的建筑结构材料及堆放物的自重；其他可按永久荷载计算的荷载。

（3）脚手架的可变荷载应包含下列项目：施工荷载；风荷载；其他可变荷载。

（4）脚手架永久荷载标准值的取值应符合下列规定：

①材料和构配件可按现行国家标准《建筑结构荷载规范》（GB 50009—2012）规定的自重值取为荷载标准值；

②工具和机械设备等产品可按通用的理论质量及相关标准的规定取其荷载标准值；

③可采取有代表性的抽样实测，并进行数理统计分析，可将实测平均值加上 2 倍的均方差作为其荷载标准值。

(5) 脚手架可变荷载标准值的取值应符合下列规定:

①作业脚手架作业层上的施工荷载标准值应根据实际情况确定,且不应低于表 1-2 中的规定。

表 1-2 作业脚手架施工荷载标准值

作业脚手架用途	施工荷载标准值 (kN/m^2)	作业脚手架用途	施工荷载标准值 (kN/m^2)
砌筑工程作业	3.0	装饰装修作业	2.0
其他主体结构工程作业	2.0	防护作业	1.0

注:斜梯施工荷载标准值按其水平投影面积计算,取值不应低于 $2.0kN/m^2$。

②当作业脚手架上存在 2 个及以上作业层同时作业时,在同一跨距内各操作层的施工荷载标准值总和不得超过 $4.0kN/m^2$。

③支撑脚手架作业层上的施工荷载标准值应根据实际情况确定,且不应低于表 1-3 中的规定。

表 1-3 支撑脚手架施工荷载标准值

类	别	施工荷载标准值(kN/m^2)
混凝土结构模板支撑脚手架	一般	2.0
	有水平泵管设置	4.0
钢结构安装支撑脚手架	轻钢结构、轻钢空间网架结构	2.0
	普通钢结构	3.0
	重型钢结构	3.5
其他		≥2.0

③支撑脚手架上移动的设备、工具等物品应按其自重计算可变荷载标准值。

(6) 脚手架上振动、冲击物体应按其自重乘以动力系数后取值计入可变荷载标准值,动力系数可取值 1.35。

(7) 作用于脚手架上的水平风荷载标准值,应按下式进行

计算:

$$w_k = \mu_z \cdot \mu_s \cdot w_0 \tag{1-1}$$

式中 w_k——风荷载标准值（kN/m²）；

μ_z——基本风压值（kN/m²），应按现行国家标准《建筑结构荷载规范》（GB 50009—2012）的规定取重现期 $n=10$ 对应的风压值；

μ_s——风压高度变化系数，应按现行国家标准《建筑结构荷载规范》（GB 50009—2012）的规定取用；

w_0——脚手架风荷载体型系数，应按表 1-4 的规定取用。

表 1-4 脚手架风荷载体型系数

背靠建筑物的状况	全封闭墙	敞开、框架和开洞墙
全封闭作业脚手架	1.0Φ	1.3Φ
敞开式支撑脚手架	μ_{stw}	

注：1. Φ 为脚手架挡风系数，$Φ=1.2A_n/A_w$，A_n 为脚手架迎风面挡风面积（m²），A_w 为脚手架迎风面面积（m²）。
2. 当采用密目安全网全封闭时，取 $Φ=0.8$，μ_s 最大值取 1.0。
3. μ_{stw} 为多榀桁架确定的支撑脚手架整体风荷载体型系数，按现行国家标准《建筑结构荷载规范》（GB 50009—2012）的规定计算。

（8）高耸塔式结构、悬臂结构等特殊脚手架结构在水平风荷载标准值计算时，应计入风振系数。

（二）脚手架荷载组合

（1）脚手架设计应根据正常搭设和使用过程中在脚手架上可能同时出现的荷载，应按承载能力极限状态和正常使用极限状态分别进行荷载组合，并应取各自最不利的荷载组合进行设计。

（2）脚手架结构及构配件承载能力极限状态设计时，应按下列规定采用荷载的基本组合：

①作业脚手架荷载的基本组合应按表 1-5 中的规定采用。

表 1-5　作业脚手架荷载的基本组合

计算项目	荷载的基本组合
水平杆强度；附着式升降脚手架的水平支承桁架及固定吊拉杆强度；悬挑脚手架悬挑支承结构强度、稳定承载力	永久荷载＋施工荷载
立杆稳定承载力；附着式升降脚手架竖向主框架及附墙支座强度、稳定承载力	永久荷载＋施工荷载＋φ_w风荷载
连墙杆强度、稳定承载力	风荷载＋N_0
立杆地基承载力	永久荷载＋施工荷载

注：1. φ_w为风荷载组合值系数；
  2. N_0为连墙杆约束作业脚手架的平面外变形所产生的轴向力设计值。

②支撑脚手架荷载的基本组合应按表 1-6 中的规定采用。

表 1-6　支撑脚手架荷载的基本组合

计算项目		荷载的基本组合
水平杆强度	由永久荷载控制的组合	永久荷载＋φ_c施工荷载及其他可变荷载
	由可变荷载控制的组合	永久荷载＋施工荷载＋φ_c其他可变荷载
立杆稳定承载力	由永久荷载控制的组合	永久荷载＋φ_c施工荷载及其他可变荷载＋φ_w风荷载
	由可变荷载控制的组合	永久荷载＋施工荷载＋φ_c其他可变荷载＋φ_w风荷载
支撑脚手架倾覆 立杆地基承载力		永久荷载＋施工荷载及其他可变荷载＋风荷载

注：1. 表中的"＋"仅表示各项荷载参与组合，而不表示代数相加。
  2. φ_c为施工荷载、其他可变荷载组合值系数。
  3. 强度计算项目包括连接强度计算。
  4. 立杆稳定承载力计算在室内或无风环境下不组合风荷载。
  5. 倾覆计算时，抗倾覆荷载组合计算不计入可变荷载。

（3）脚手架结构及构配件正常使用极限状态设计时，应按下列规定采用荷载的标准组合。

①作业脚手架荷载的标准组合应按表 1-7 中的规定采用。

表 1-7　作业脚手架荷载的标准组合

计算项目	荷载的标准组合
水平杆挠度	永久荷载
悬挑脚手架水平方向型钢悬挑梁挠度	

②支撑脚手架荷载的标准组合应按表 1-8 中的规定采用。

表 1-8　支撑脚手架荷载的标准组合

计算项目	荷载的标准组合
水平杆挠度	永久荷载

注：适用于支撑脚手架顶水平杆承重时的挠度计算。

第二章 碗扣式钢管脚手架

碗扣式钢管脚手架是指节点采用碗扣方式连接的钢管脚手架,这种脚手架主要由钢管立杆、横杆、碗扣接头等组成。其基本构造和搭设要求与扣件式钢管脚手架类似,不同之处主要在于碗扣接头。碗扣接头是由上碗扣、下碗扣、横杆接头和上碗扣的限位销等组成。在立杆上焊接下碗扣和上碗扣的限位销,将上碗扣套入立杆内。在横杆和斜杆上焊接插头。组装时,将横杆和斜杆插入下碗扣内,压紧和旋转上碗扣,利用限位销固定上碗扣。

第一节 碗扣式钢管脚手架的主要特点

碗扣式钢管脚手架也称为多功能碗扣型脚手架,这是一种新型的承插式钢管脚手架。这种脚手架最独特之处是有带齿碗扣接头,具有拼拆迅速省力、结构稳定可靠、配备比较完善、通用性很强、承载力较大、安全可靠、易于加工、不易丢失、便于管理、易于运输、应用广泛等特点,曾是我国在"九五"期间十项重点推广新技术之一。

一、碗扣式钢管脚手架的性能特点

根据工程实践充分证明,碗扣式钢管脚手架具有以下性能特点:

(1)多功能。碗扣式钢管脚手架可以根据施工要求,组成模数 0.60m 的多种组架尺寸和荷载的单排、双排脚手架,支撑架,支撑柱,物料提升架,爬升脚手架等多功能的施工设备,并能曲线形布置布架场地不需要进行大面积的平整。

(2) 接头拼拆速度快。由于脚手架连接采用了碗扣接头,避免了扣件螺栓复杂的人工操作,只用一把铁锤即可进行安装和拆卸作业,安装和拆卸的速度比扣件式钢管脚手架快5倍以上。

(3) 大大减轻劳动强度。由于碗扣式钢管脚手架完全取消了螺栓作业,工人不必以很大的精力进行脚手架的安装和拆卸,只需一把铁锤即可完成全部作业,劳动强度大大减轻。

(4) 接头强度高、安全可靠。接头采用独特的碗扣式,经试验和使用证明,它具有极佳的抗剪、抗弯、抗扭能力,比其他类型的钢管脚手架的结构强度提高50%以上。由于接头具有可靠的自锁能力,整架配备有较完整的安全保障设施,所以使用安全可靠(图2-1)。

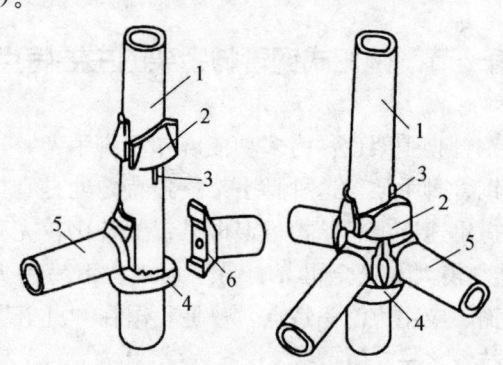

图2-1 碗扣接头构造
1—立杆;2—上碗扣;3—限位销;
4—下碗扣;5—横杆;6—横杆接头

(5) 维护非常简单。构件为不易丢失的扣件,构配件轻便、牢固,不怕一般的锈蚀,所以日常的维护非常简单,运输紧凑方便。

二、碗扣式钢管脚手架的构造特点

碗扣式钢管脚手架的核心部件是碗扣接头,这种新型接头由上下碗扣、横杆接头和上碗扣的限位销等组成,如图 2-1 所示。这种脚手架具有结构简单、杆件全部轴向连接、力学性能好、接头构造合理、工作安全可靠、拆装非常方便、操作比较容易、零部件损耗低等特点。

碗扣式钢管脚手架的杆配件按其用途不同,可分为主构件、辅助构件和专用构件三类。

1. 主构件

主构件是用以构成脚手架主体的部件,主要包括立杆、顶杆、横杆、斜杆和底座等。其中立杆有 3.0m 和 1.8m 两种规格,在杆上焊有间距为 600mm 的下碗扣。如果将立杆和顶杆相互配合接长使用,就可以构成任意高度的脚手架。在立杆接长时,接头应相互错开,至顶层后再用两种长度的顶杆找平。

(1) 立杆。立杆是脚手架中的主要受力杆件,由一定长度外径 48mm、壁厚 3.5mm 的钢管每隔 600mm 安装碗扣接头,并在顶端焊接立杆连接管制成,用作脚手架的垂直承力杆件。

(2) 顶杆。顶杆即顶部的立杆,在顶端设有立杆的连接管,以便在顶端插入托撑或可调托撑。主要用于支撑架、支撑柱、物料提升架等的顶部。顶杆有 2.1m、1.5m 和 0.9m 三种长度规格,它与立杆配合可以构成任意高度的支撑架。

(3) 横杆。横杆是一定长度外径 48mm、壁厚 3.5mm 的钢管两端焊接横杆接头制成,用于立杆横向连接杆件,或框架水平承力杆。横杆有 1.8m、1.5m、1.2m、0.9m、0.6m 和 0.3m 等六种长度规格。

(4) 斜杆。斜杆是为增强脚手架的稳定强度,提高脚手架的承载力而设计的系列杆件,在外径 48mm、壁厚 2.2mm 钢管两端铆接斜杆接头制成,斜杆的接头可以转动,同横杆接头一样可装在下碗扣内,形成节点斜杆。

(5) 底座。底座是安装在立杆的根部,防止立杆沉入土基,并将上部荷载分散传递给地基基础的构件,有垫座、立杆粗细调座和立杆可调座三种。一般可由 150mm×150mm×8mm 的钢板在中心焊接连接杆制成。

2. 辅助构件

辅助构件是指用于作业面及附壁拉结等的杆部件,如用于作业面的间横杆、连墙杆、脚手板、斜道板、挡脚板、挑梁、架梯等;用于连接的立杆连接销、直角销、连接撑等;用于其他用途的立杆托撑、立杆可调撑、安全网支架等。

3. 专用构件

专用构件是指专门用的杆部件,这类构件主要有支撑柱垫座、支撑柱可调座、提升滑轮、悬挑架、爬升挑架等。

第二节 碗扣式钢管脚手架构配件要求

碗扣式钢管脚手架立杆的碗扣节点应由上碗扣、下碗扣、水平杆接头和限位销等构配件构成。这些构配件在脚手架使用的过程中起着非常重要的作用,不仅关系到脚手架整体的稳定性和施工人员的安危,而且关系到建筑工程的施工进度、工程造价和工程质量。

根据现行国家标准《建筑施工碗扣式脚手架安全技术规范》(JGJ 166—2016) 中的规定,碗扣式脚手架构配件材料与制作应符合以下要求。

一、构配件的杆件模数要求

(1) 立杆碗扣节点间距,对 Q235 级材质钢管立杆宜按 0.6m

模数设置；对 Q345 级材质钢管立杆宜按 0.5m 模数设置。水平杆长度宜按 0.3m 模数设置。

(2) 碗扣式钢管脚手架主要构配件种类和规格，宜符合现行国家标准《建筑施工碗扣式脚手架安全技术规范》（JGJ 166—2016）附录 A 的规定。

二、构配件所用材质要求

(1) 钢管应采用现行国家标准《直缝电焊钢管》（GB/T 13793—2016）或《低压流体输送用焊接钢管》（GB/T 3091—2015）中规定的普通钢管，其材质应符合下列规定：

①水平杆和斜杆钢管材质应符合现行国家标准《碳素结构钢》（GB/T 700—2006）中 Q235 级钢的规定。

②当碗扣节点间距采用 0.6m 模数设置时，立杆钢管的材质应符合现行国家标准《碳素结构钢》（GB/T 700—2006）中 Q235 级钢的规定。

③当碗扣节点间距采用 0.5m 模数设置时，立杆钢管的材质应符合现行国家标准《碳素结构钢》（GB/T 700—2006）及《低合金高强度结构钢》（GB/T 1591—2008）中 Q345 级钢的规定。

(2) 当上碗扣采用碳素铸钢或可锻铸铁铸造时，其材质应分别符合现行国家标准《一般工程用铸造碳钢件》（GB/T 11352—2009）中 ZG270-500 牌号和《可锻铸铁件》（GB/T 9440—2010）中 KTH350-10 牌号的规定；采用锻造成型时，其材质不应低于现行国家标准《碳素结构钢》（GB/T 700—2006）中 Q235 级钢的规定。

(3) 当下碗扣采用碳素铸钢铸造时，其材质应分别符合现行国家标准《一般工程用铸造碳钢件》（GB/T 11352—2009）中 ZG270-500 牌号的规定。

(4) 当水平杆接头和斜杆接头采用碳素铸钢铸造时，其材质应分别符合现行国家标准《一般工程用铸造碳钢件》（GB/T 11352—2009）中 ZG270-500 牌号的规定。当水平杆接头采用锻造成型时，其材质不应低于现行国家标准《碳素结构钢》（GB/T 700—2006）中 Q235 级钢的规定。

（5）上碗扣和水平杆接头不得采用钢板冲压成型。当下碗扣采用钢板冲压成型时，其材质不应低于现行国家标准《碳素结构钢》（GB/T 700—2006）中 Q235 级钢的规定，板材厚度不得小于 4mm，并应经 600～650℃ 的时效处理；严禁利用废旧锈蚀钢板改制。

（6）对可调托撑及可调底座，当采用实心螺杆时，其材质应符合现行国家标准《碳素结构钢》（GB/T 700—2006）中 Q235 级钢的规定；当采用空心螺杆时，其材质应符合现行国家标准《结构用无缝钢管》（GB/T 8162—2008）中 20 号无缝钢管的规定。

（7）可调托撑及可调底座调节螺母铸件应采用碳素铸钢或可锻铸铁，其材质应分别符合现行国家标准《一般工程用铸造碳钢件》（GB/T 11352—2009）中 ZG270-450 牌号和《可锻铸铁件》（GB/T 9440—2010）中 KTH350-08 牌号的规定。

（8）可调托撑 U 形托板和可调底座垫板应采用碳素结构钢，其材质应符合现行国家标准《碳素结构钢和低合金结构钢热轧厚钢板和钢带》（GB/T 3274—2017）中 Q235 级钢的规定。

（9）扣件材质应符合现行国家标准《钢管脚手架扣件》（GB 15831—2006）的规定。

（10）脚手板的材质应符合下列规定：

①脚手板可采用钢、木或竹材料制作，单块脚手板的质量不宜大于 30kg。

②钢脚手板材质应符合现行国家标准《碳素结构钢》（GB/T 700—2006）中 Q235 级钢的规定；冲压钢脚手板的钢板厚度不宜

小于1.5mm，板面冲孔内切圆直径应小于25mm。

③木脚手板材质应符合现行国家标准《木结构设计规范》(GB 50005—2017)中Ⅱa级材质的规定；脚手板厚度不应小于50mm，两端宜各设直径不小于4mm的镀锌钢丝箍两道。

④竹串片脚手板和竹笆脚手板宜采用毛竹或楠竹制作；竹串片脚手板应符合现行行业标准《建筑施工竹脚手架安全技术规范》(JGJ 254—2011)的规定。

三、构配件的制作质量要求

(1) 钢管宜采用公称尺寸为 $\phi 48.3mm \times 3.5mm$ 的钢管，其外径允许偏差应为±0.5mm，壁厚偏差不应为负偏差。

(2) 立杆接长当采用外插套时，外插套管的壁厚不应小于3.5mm；当采用内插套时，内插套管的壁厚不应小于3.0mm。插套长度不应小于160mm，焊接端插入长度不应小于60mm，外伸长度不应小于110mm，插套与立杆钢管间的间隙不应大于2mm。

(3) 钢管应保持平直的状态，钢管弯曲度允许偏差为2mm/m。

(4) 立杆碗扣节点间距的允许偏差应为±1.0mm。

(5) 水平杆曲板接头弧面轴心线与水平杆轴心线的垂直度允许偏差应为1.0mm。

(6) 下碗扣碗口平面与立杆轴线的垂直度允许偏差应为1.0mm。

(7) 焊接应在专用工装平台上进行，焊缝应符合现行国家标准《钢结构工程施工质量验收规范》(GB 50205—2017)中三级焊缝的规定。

(8) 可调托撑及可调底座的质量应符合下列要求：
①调节螺母的厚度不得小于30mm。
②螺杆的外径不得小于38mm，空心螺杆的壁厚不得小于

5mm，螺杆直径与螺距应符合现行国家标准《梯形螺纹 第2部分：直径与螺距系列》(GB/T 5796.2—2005)和《梯形螺纹 第3部分：基本尺寸》(GB/T 5796.3—2005)的规定。

③螺杆与调节螺母啮合长度不得少于5扣。

④可调托撑U形托板厚度不得小于5mm，弯曲变形不应大于1mm，可调底座垫板的厚度不得小于6mm；螺杆与托板或垫板应焊接牢固，焊脚尺寸不应小于钢板厚度，并宜设置加劲板。

(9) 构配件外观质量应符合下列规定：

①钢管应平直光滑，不得有裂纹、锈蚀、分层、结疤或毛刺等缺陷，立杆不得采用横断面接长的钢管。

②铸造件表面应平整，不得有砂眼、缩孔、裂纹或浇冒口残余等缺陷，表面粘砂应清除干净。

③冲压件不得有毛刺、裂纹、氧化皮等缺陷。

④焊缝应饱满，焊药应清除干净，不得有未焊透、夹砂、咬肉、裂纹等缺陷。

⑤构配件表面应涂刷防锈漆或进行镀锌处理，涂层应均匀、牢靠，表面应光滑，在连接处不得有毛刺、滴瘤和多余结块。

(10) 脚手架所用的主要构配件应有生产厂标识。

(11) 构配件应具有良好的互换性，应能满足各种施工工况下的组架要求，并应符合下列规定：

①立杆的上碗扣应能上下窜动、转动灵活，不得有卡滞现象。

②立杆与立杆的连接孔处应能插入ϕ10mm的连接销。

③碗扣节点上在安装1~4个水平杆时，上碗扣应能锁紧。

④当搭设不少于二步三跨1.8m×1.8m×1.2m（步距×纵距×横距）的整体脚手架时，每一框架内立杆的垂直度偏差应小于5mm。

(12) 主要构配件极限承载力性能指标应符合下列要求：

①上碗扣沿水平杆方向受拉承载力不应小于30kN。
②下碗扣组焊后沿立杆方向剪切承载力不应小于60kN。
③水平杆接头沿水平杆方向剪切承载力不应小于50kN。
④水平杆接头焊接剪切承载力不应小于25kN。
⑤可调底座受压承载力不应小于100kN。
⑥可调托撑受压承载力不应小于100kN。

（13）构配件每使用一个安装、拆除周期后，应及时检查、分类、维护、保养，对不合格品应及时报废。

第三节　碗扣式钢管脚手架的构造要求

碗扣式钢管脚手架搭设时，其构造是否符合设计和现行规范的要求，不仅影响脚手架的使用功能，而且影响使用者的人身安全。在现行行业标准《建筑施工碗扣式钢管脚手架安全技术规范》（JGJ 166—2016）中，对碗扣式脚手架的构造有具体规定，必须按照要求进行搭设。

一、碗扣式钢管脚手架构造的一般规定

（1）碗扣式钢管脚手架地基应符合下列规定：
①碗扣式钢管脚手架地基应坚实、平整，场地应有良好的排水措施，不应有积水。
②土层地基上的立杆底部应设置底座和混凝土垫层，垫层混凝土的强度等级不低于C15，厚度不应小于150mm；当采用垫板代替混凝土垫层时，垫板宜采用厚度不小于50mm、宽度不小于200mm、长度不少于两跨的木垫板。
③混凝土结构层上的立杆底部应设置底座或垫板。
④对承载力不足的地基土或混凝土结构层，应进行加固处理。

⑤湿陷性黄土、膨胀土、软土地基应有可靠的防水措施。

⑥当基础表面高差较小时，可采用可调底座进行调整；当基础表面高差较大时，可利用立杆碗扣节点位差配合可调底座进行调整，且高处的立杆距离坡顶边缘不宜小于500mm。

（2）双排脚手架起步立杆应采用不同型号的杆件交错布置，架体相邻立杆接头应错开设置，不应设置在同步内。模板支撑架相邻立杆接头宜交错布置。

（3）脚手架的水平杆应按步距沿纵向和横向连续设置，不得缺失。在立杆的底部碗扣处应设置一道纵向水平杆、横向水平杆作为扫地杆。扫地杆距离地面的高度不应超过400mm，水平杆和扫地杆应与相邻立杆连接牢固。

（4）钢管扣件剪刀撑杆件应符合下列规定：

①竖向剪刀撑两个方向的交叉斜向钢管宜分别采用旋转扣件设置在立杆的两侧。

②竖向剪刀撑斜向钢管与地面的倾角应在45°～60°之间。

③剪刀撑杆件应每步与交叉处立杆或水平杆扣接。

④剪刀撑杆件接长应采用搭接，搭接长度不应小于1m，并应采用不少于2个旋转扣件扣紧，且杆端距端部扣件盖板边缘的距离不应小于100mm。

⑤扣件扭紧力矩应为40～65N·m。

（5）脚手架作业层设置应符合下列规定：

①作业平台脚手板应铺满、铺稳、铺实。

②工具式钢脚手板必须有挂钩，并应带有自锁装置与作业层横向水平杆锁紧，严禁将脚手板浮放。

③木脚手板、竹串片脚手板、竹笆脚手板两端应与水平杆绑牢，作业层相邻两根横向水平杆间应加设水平杆，脚手板探头的长度不应大于150mm。

④立杆碗扣节点间距按0.6m模数设置时，外侧应在立杆

0.6m 及 1.2m 高的碗扣节点处搭设两道防护栏杆；立杆碗扣节点间距按 0.5m 模数设置时，外侧应在立杆 0.5m 及 1.0m 高的碗扣节点处搭设两道防护栏杆，并应在外立杆的内侧设置高度不低于 180mm 的挡脚板。

⑤作业层脚手板下应采用安全平网兜底，以下每隔 10m 应采用安全平网封闭。

⑥作业平台外侧应采用密目安全网进行封闭，网间的连接应严密，密目安全网宜设置在脚手架外立杆的内侧，并应与架体绑扎牢固。密目安全网应为阻燃产品。

（6）脚手架应设置人员上下专用梯道或坡道，并应符合下列规定：

①人行梯道的坡度不宜大于 1∶1，人行坡道坡度不宜大于 1∶3，坡面应设置防滑装置。

②通道应与架体连接固定，宽度不应小于 900mm，并应在通道脚手板下增设水平杆，通道可折线上升。

③通道两侧及转弯平台应设置脚手板、防护栏杆和安全网，并应符合现行行业标准《建筑施工碗扣式钢管脚手架安全技术规范》（JGJ 166—2016）第 6.1.5 条的规定。

二、碗扣式钢管双排脚手架的构造

碗扣式钢管双排脚手架具有承载力大，施工效率高和节点安全可靠等优点。近年来，在各种建筑和桥梁工程施工中，碗扣式钢管双排脚手架与模板支撑体系得到了广泛的应用。在设计和搭设碗扣式钢管双排脚手架时，其构造应符合现行行业标准《建筑施工碗扣式钢管脚手架安全技术规范》（JGJ 166—2016）中的规定。

（1）当设置二层装修作业层、二层作业脚手板、外挂密目安全网封闭时，常用碗扣式钢管双排脚手架结构的设计尺寸和架体允许搭设高度宜符合表 2-1 的规定。

表 2-1　碗扣式钢管双排脚手架结构的设计尺寸（m）

连墙杆设置	步距 h	横距 l_h	纵距 l_a	脚手架允许搭设高度 H 基本风压值 w_0 (kN/m²)		
				0.4	0.5	0.6
二步二跨	1.8	0.9	1.5	48	40	34
		1.2	1.2	50	44	40
	2.0	0.9	1.5	50	45	42
		1.2	1.2	50	45	42
三步三跨	1.8	0.9	1.2	30	23	18
		1.2	1.2	26	21	17

注：表中架体允许搭设高度的取值基于下列条件：
1. 计算风压高度变化系数时，按地面粗糙度为 C 类采用；
2. 装修作业层施工荷载标准值按 2.0kN/m² 采用，脚手板自重标准值按 0.35kN/m² 采用；
3. 作业层横向水平杆间距按不大于立杆纵距的 1/2 设置；
4. 当基本风压值、地面粗糙度、架体设计尺寸和脚手架用途及作业层数与上述条件不相符时，架体允许搭设高度应另行计算确定。

（2）双排脚手架的搭设高度不宜超过 50m；当搭设高度超过 50m 时，应采用分别搭设等措施。

（3）当双排脚手架按曲线布置进行组架时，应按曲率要求使用不同长度的内外水平杆组架，曲率半径应大于 2.4m。

（4）当双排脚手架拐角为直角时，宜采用水平杆直接组架，如图 2-2（a）所示；当双排脚手架拐角为非直角时，可采用钢管扣件组架，如图 2-2（b）所示。

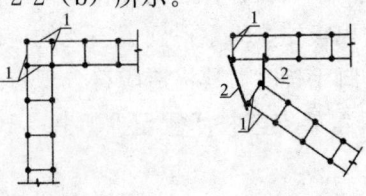

(a) 水平杆组架　　(b) 钢管扣件拐角组架

图 2-2　双排脚手架组架示意图
1—水平杆；2—钢管扣件

(5) 双排脚手架立杆顶端防护栏杆宜高出作业层 1.5m。

(6) 双排脚手架应设置竖向斜撑杆（双排脚手架斜撑杆设置示意如图 2-3 所示），并应符合下列规定：

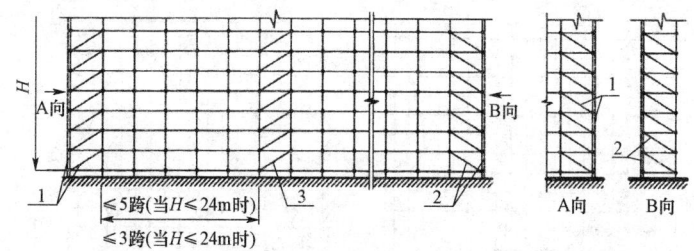

图 2-3　双排脚手架斜撑杆设置示意
1—拐角竖向斜撑杆；2—端部竖向斜撑杆；3—中间竖向斜撑杆

①竖向斜撑杆应采用专用外斜杆，并应设置在有纵向及横向水平杆的碗扣节点上。

②在双排脚手架的转角处、开口型双排脚手架的端部应各设置一道竖向斜撑杆。

③当架体的高度在 24m 以下时，应每隔不大于 5 跨设置一道竖向斜撑杆；当架体搭设高度在 24m 及以上时，应每隔不大于 3 跨设置一道竖向斜撑杆；相邻斜撑杆宜对称八字形设置。

④每道竖向斜撑杆应在双排脚手架外侧相邻立杆间由底至顶按步连续设置。

⑤当斜撑杆临时拆除时，拆除前应在相邻立杆间设置相同数量的斜撑杆。

(7) 当采用钢管扣件剪刀撑代替竖向斜撑杆时（双排脚手架剪刀撑设置如图 2-4 所示），应符合下列规定：

①当架体搭设高度在 24m 以下时，应在架体的两端、转角及中间间隔不超过 15m 处，各设置一道竖向剪刀撑［如图 2-4（a）所示］；当架体搭设高度在 24m 及以上时，应在架体外侧全立面连续设置竖向剪刀撑［如图 2-4（b）所示］。

②每道剪刀撑的宽度应为4~6跨，且不应小于6m，也不应大于9m。

③每道竖向剪刀撑应由底至顶连续设置。

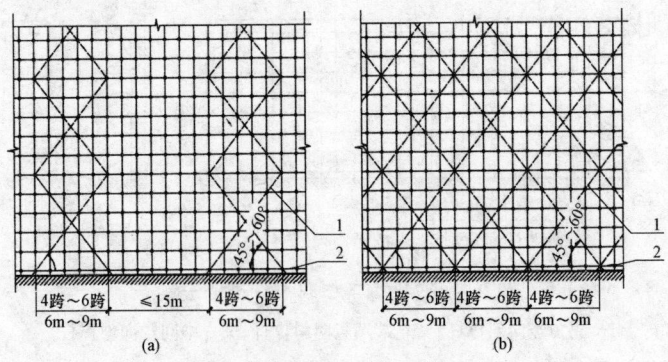

图2-4 双排脚手架剪刀撑设置
(a) 不连续剪刀撑设置　(b) 连续剪刀撑设置
1—竖向剪刀撑；2—扫地杆

(8) 当双排脚手架高度在24m以上时，顶部24m以下所有的连墙杆设置层应连续设置之字形水平斜撑杆，水平斜撑杆应设置在纵向水平杆之下。

(9) 双排脚手架连墙杆的设置应符合下列规定：

①连墙杆应采用能承受压力和拉力的构造，并应与建筑结构和架体连接牢固。

②同一层连墙杆应设置在同一水平面，连墙点的水平投影间距不得超过3跨，竖向垂直间距不得超过3步，连墙点之上架体的悬臂高度不得超过2步。

③在架体的转角处、开口型双排脚手架的端部应增设连墙杆，连墙杆的竖向垂直间距不应大于建筑物的层高，且不应大于4m。

④双排脚手架的连墙件宜从底层第一道水平杆处开始设置。

⑤双排脚手架的连墙件宜采用菱形布置，也可采用矩形布置。

⑥双排脚手架的连墙件宜呈水平设置，也可采用连墙端高于

架体端的倾斜设置方式。

⑦双排脚手架的连墙件应设置在靠近有横向水平杆的碗扣节点处，当采用钢管扣件做连墙件时，连墙件应与立杆连接，连接点距架体碗扣主节点距离不应大于300mm。

⑧当双排脚手架下部暂不能设置连墙件时，应采取可靠的防倾覆措施，但无连墙件的最大高度不得超过6m。

（10）双排脚手架应按照现行行业标准《建筑施工碗扣式钢管脚手架安全技术规范》（JGJ 166—2016）第6.1.5条的规定设置作业层。架体外侧全立面应采用密目安全网进行封闭。

（11）双排脚手架内立杆与建筑物距离不宜大于150mm；当双排脚手架内立杆与建筑物距离大于150mm时，应采用脚手板或安全平网封闭。当选用窄挑梁或宽挑梁设置作业平台时，挑梁应单层挑出，严禁增加层数。

（12）当双排脚手架设置置门洞时，应在门洞上部设桁架托梁，门洞两侧立杆应对称加设竖向斜撑杆或剪刀撑。双排外脚手架门洞设置如图2-5所示。

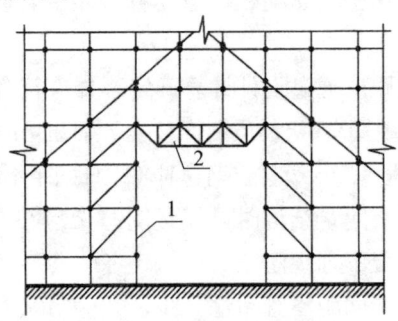

图2-5 双排外脚手架门洞设置
1—双排脚手架；2—桁架托梁

三、碗扣式脚手架模板支撑架构造

（1）碗扣式脚手架模板支撑架的搭设高度不宜超过30m。当超过 30m 时，应另外设计，或采取其他形式的支撑结构。

（2）模板支撑架每根立杆的顶部应设置可调托撑。当被支撑的建筑结构底面存在坡度时，应随坡度调整架体高度，可利用立杆碗扣节点位差增设水平杆，并应配合可调托撑进行调整。

（3）立杆顶端可调托撑伸出顶层水平杆的悬臂长度不应超过 650mm。可调托撑和可调底座螺杆插入立杆的长度不得小于 150mm，伸出立杆的长度不宜大于 300mm，安装时其螺杆应与立杆钢管上下同心，且螺杆外径与立杆钢管内径的间隙不应大于 3mm。

（4）可调托撑上主楞支撑梁应居中设置，接头宜设置在 U 形托板上，同一断面上主楞支撑梁接头数量不应超过 50%。

（5）水平杆步距应通过设计计算确定，并应符合下列规定：
①水平杆步距应通过立杆碗扣节点间距均匀设置。
②当立杆采用 Q235 级材质钢管时，步距不应大于 1.8m。
③当立杆采用 Q345 级材质钢管时，步距不应大于 2.0m。
④对安全等级为Ⅰ级的模板支撑架，架体顶层 2 步距应比标准步距缩小至少一个节点间距，但立杆稳定性计算时的立杆长度应采用标准步距。

（6）立杆间距应通过设计计算确定，并应符合下列规定：
①当立杆采用 Q235 级材质钢管时，立杆间距不应大于 1.5m。
②当立杆采用 Q345 级材质钢管时，立杆间距不应大于 1.8m。

（7）当为既有建筑结构时，模板支撑架应与既有建筑结构可靠连接，并应符合下列规定：
①连接点竖向间距不宜超过 2 步，并应与水平杆同层设置。
②连接点竖向间距不宜大于 8m。
③连接点至架体碗扣主节点的距离不宜大于 300mm。
④当遇有柱子时，宜采用抱箍式连接措施。
⑤当架体两端均有墙体或边梁时，可设置水平杆与墙或梁顶紧。

（8）模板支撑架应设置竖向斜撑杆，并应符合下列规定：

①安全等级为Ⅰ级的模板支撑架应在架体周边、内部纵向和横向每隔4～6m各设置一道竖向斜撑杆；安全等级为Ⅱ级的模板支撑架应在架体周边、内部纵向和横向每隔6～9m各设置一道竖向斜撑杆［见图2-6（a）、图2-7（a）］。

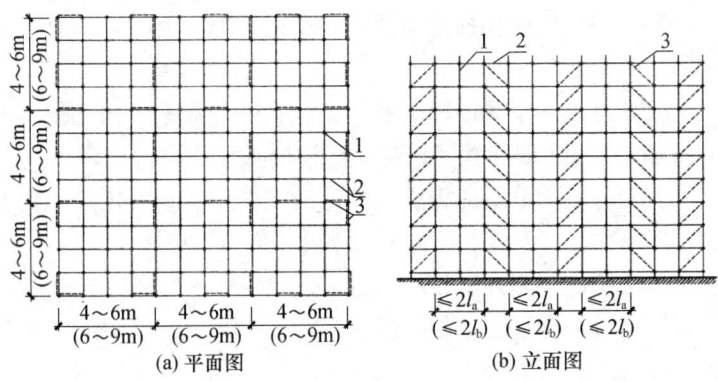

图 2-6 竖向斜撑杆布置示意图（一）
1—立杆；2—水平杆；3—竖向斜撑杆

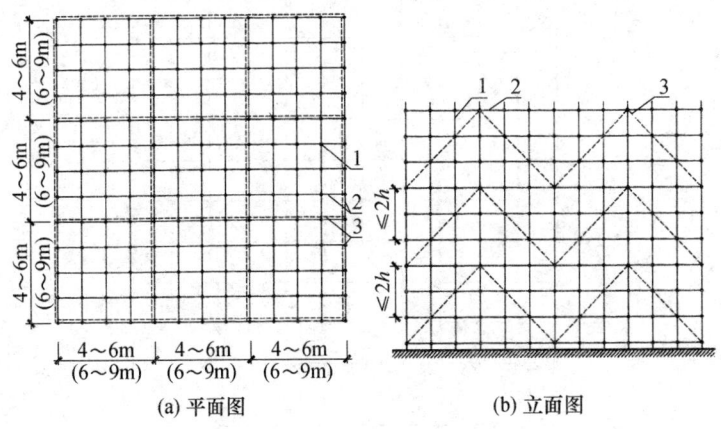

图 2-7 竖向斜撑杆布置示意图（二）
1-立杆；2-水平杆；3-竖向斜撑杆

②每道竖向斜撑杆可沿架体纵向和横向每隔不大于两跨在相邻立杆间由底至顶连续设置［见图2-6（b）］；也可沿架体竖向每隔不大于2步距采用八字形对称设置［见图2-7（b）］，或采用等覆盖率的其他设置方式。

（9）当采用钢管扣件剪刀撑代替竖向斜撑杆时，应符合下列规定：

①安全等级为Ⅰ级的模板支撑架应在架体周边、内部纵向和横向每隔不大于6m设置一道竖向钢管扣件剪刀撑。

②安全等级为Ⅱ级的模板支撑架应在架体周边、内部纵向和横向每隔不大于9m设置一道竖向钢管扣件剪刀撑。

③每道竖向剪刀撑应连续设置，剪刀撑的宽度宜为6~9m。

（10）模板支撑架应设置水平斜撑杆（如图2-8所示），并应符合下列规定：

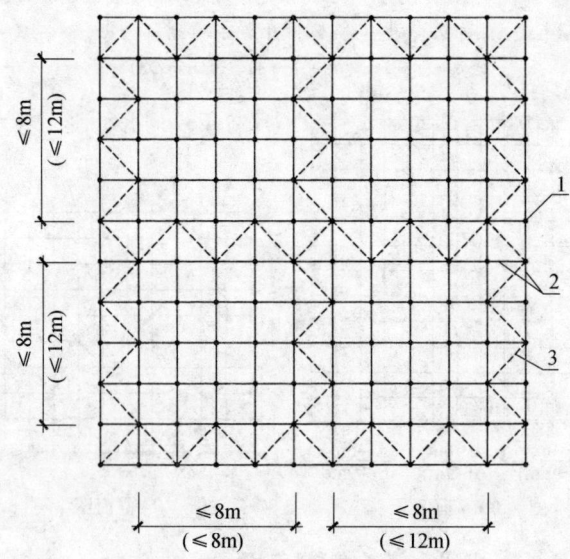

图2-8 水平斜撑杆布置图
1—立杆；2—水平杆；3—水平斜撑杆

①安全等级为Ⅰ级的模板支撑架应在架体顶层水平杆设置层、竖向每隔不大于8m设置一层水平斜撑杆；每层水平斜撑杆应在架体水平面的周边、内部纵向和横向每隔不大于8m设置一道。

②安全等级为Ⅱ级的模板支撑架应在架体顶层水平杆设置层设置一层水平斜撑杆；每层水平斜撑杆应在架体水平面的周边、内部纵向和横向每隔不大于12m设置一道。

③水平斜撑杆应在相邻立杆间呈条带状连续设置。

(11) 当采用钢管扣件剪刀撑代替水平斜撑杆时，应符合下列规定：

①安全等级为Ⅰ级的模板支撑架应在架体顶层水平杆设置层、竖向每隔不大于8m设置一层水平剪刀撑。

②安全等级为Ⅱ级的模板支撑架应在架体顶层水平杆设置层设置一层水平剪刀撑。

③每道水平剪刀撑应连续设置，剪刀撑的宽度宜为6~9m。

(12) 当模板支撑架同时满足下列条件时，可不设置竖向及水平向的斜撑杆和剪刀撑：

①模板支撑架的搭设高度小于5m，架体高宽比小于1.5。

②被支撑结构自重面荷载标准值不大于$5kN/m^2$，线荷载标准值不大于$8kN/m^2$。

③架体按照现行行业标准《建筑施工碗扣式钢管脚手架安全技术规范》(JGJ 166—2016)第6.3.7条的构造要求与既有建筑结构进行可靠连接。

④脚手架场地地基坚实、均匀，完全满足承载力要求。

(13) 独立的模板支撑架高宽比不宜大于3；当高宽比大于3时，应采取下列加强措施：

①将架体超出顶部加载区投影范围向外延伸布置2~3跨，将下部架体的尺寸扩大。

②按照现行行业标准《建筑施工碗扣式钢管脚手架安全技术规范》（JGJ 166—2016）第 6.3.7 条的构造要求与既有建筑结构进行可靠连接。

③当无建筑结构进行可靠连接时，宜在架体上对称设置缆风绳或采取其他防倾覆措施。

（14）桥梁模板支撑架顶面四周应设置作业平台，作业层的宽度不应小于 900mm，并应符合现行行业标准《建筑施工碗扣式钢管脚手架安全技术规范》（JGJ 166—2016）第 6.1.5 条的规定。

（15）当模板支撑架设置门洞时（如图 2-9 所示），应符合下列规定：

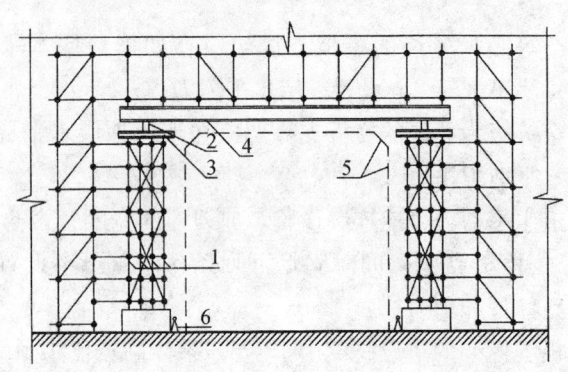

图 2-9 模板支撑架门洞设置示意
1—加密立杆；2—纵向分配梁；3—横向分配梁；4—转换横梁；
5—门洞净空（仅车行通道有此要求）；6—警示及防撞设施（仅用于车行通道）

①门洞净高不宜大于 5.5m，净宽不宜大于 4.0m；当需设置的机动车道宽大于 4.0m 或与上部支撑的混凝土梁体中心线斜交时，应采用梁柱式门洞结构。

②通道上部应架设转换梁，横梁设置应经过设计计算确定。

③横梁下立杆的数量和间距应由计算确定，且立杆不应少于 4 排，每排横距不应大于 300mm。

④横梁下立杆应与相邻架体连接牢固，横梁下立杆斜撑杆或

剪刀撑应加密设置。

⑤横梁下立杆应采用扩大基础,基础应满足防撞要求。

⑥转换横梁和立杆之间应设置纵向分配梁和横向分配梁。

⑦门洞顶部应采用木板或其他硬质材料全封闭,两侧应设置防护栏杆和安全网。

⑧对通行机动车的洞口、门洞净空应满足既有道路通行的安全界限要求,且应按规定设置导向、限高、限宽、减速、防撞等设施及标识、标示。

第四节　碗扣式钢管脚手架的施工

一、脚手架的施工准备

(1) 脚手架施工前应根据建筑结构的实际情况,本着搭设安全、实用、经济的原则,编制脚手架专项施工方案,并应经审核批准后方可实施。脚手架使用中构造或用途发生变化时,应重新对专项施工方案进行设计和审批。

(2) 脚手架在安装、拆除作业前,项目负责人或方案编制人员应根据专项施工方案要求,对现场管理人员和作业人员进行安全技术交底,作业人员应正确理解其施工顺序、工艺、工序、作业要点和搭设安全技术要求等内容,并履行签字手续。

(3) 为确保脚手架的质量和施工安全,应大力加强施工现场管理,对进入施工现场的脚手架构配件,在使用前应对其质量进行复检,不合格的构配件不得用于工程中。

(4) 对于经检验合格的构配件,应按品种、规格分类进行码放,并应标识数量和规格。构配件堆放场地排水应畅通,不得有积水。

(5) 在进行脚手架搭设前,应对场地进行清理、平整,地基应坚实、均匀，并应采取可靠的排水措施，这是对脚手架搭设场地的基本要求。

(6) 为了确保建筑结构的安全，预埋件的设置需征得设计单位的同意。当采取预埋方式设置脚手架的连墙件时，应按设计要求进行预埋；在混凝土浇筑前，应进行隐蔽检查。

二、脚手架地基与基础

(1) 脚手架基础施工应符合经审核批准的专项施工方案要求，应根据地基承载力的要求，按现行国家标准《建筑地基工程施工质量验收规范》（GB 50202—2018）的规定进行验收，这是保证架体结构稳定、安全施工的重要环节。

(2) 当地基土不均匀或原位土承载力不满足要求或基础为软弱地基时，应采取加固措施。压实土地基应符合现行国家标准《建筑地基基础设计规范》（GB 50007—2011）的规定；灰土地基应符合现行国家标准《建筑地基工程施工质量验收规范》（GB 50202—2018）的规定。

(3) 脚手架搭设处的地基施工完成后，应认真检查地基表面平整度，平整度偏差不得大于20mm。

(4) 当脚手架的基础为楼面等既有建筑结构或贝雷梁、型钢等临时支撑结构时，对不满足承载力要求的既有建筑结构应按方案设计的要求进行加固，对贝雷梁、型钢等临时支撑结构应按相关规定对临时支撑结构进行验收。

(5) 地基和基础经验收合格后，应按专项施工方案的要求放线定位。

三、脚手架的搭设工艺

(1) 脚手架立杆垫板、底座应准确放置在定位线上，垫板应平整、无翘曲，不得采用已开裂的垫板，底座的轴心线应与地面垂直。

（2）脚手架应按照施工方案中规定的顺序搭设，并应符合下列规定：

①双排脚手架搭设应按立杆、水平杆、斜杆、连墙杆的顺序配合施工进度逐层搭设。一次搭设高度不应超过最上层连墙件两步，且自由长度不应大于4m。

②模板支撑架应当按照先立杆、后水平杆、再斜杆的顺序搭设形成基本架体单元，并应以基本架体单元逐排、逐层扩展搭设成整体支撑架体系，每层搭设高度不宜大于3m。

③脚手架中的加固件（如斜撑杆、剪刀撑等）应随着架体同步进行搭设，不得滞后安装。

（3）双排脚手架连墙杆必须随架体升高及时在规定位置处设置；当作业层高出相邻连墙杆以上2步时，在上层连墙杆安装完毕前，必须采取临时拉结措施。

（4）在进行碗扣节点组装时，应通过限位销将上碗扣锁紧在水平杆上。

（5）脚手架每搭设完一步架体后，应校正水平杆的步距、立杆间距、立杆垂直度和水平杆水平度。架体立杆在1.8m高度内的垂直度偏差不得大于5mm，架体全高的垂直度偏差应小于架体搭设高度的1/600，且不得大于35mm；相邻水平杆的高差不应大于5mm。

（6）当双排脚手架内外加挑梁时，在一跨挑梁范围内只能1名施工人员操作，挑梁上严禁堆放物料。

（7）在多层楼板上连续搭设模板支撑架时，应分析多层楼板间荷载传递对架体和建筑结构的影响，上下层架体的立杆尽量对位设置，以免损坏楼板。

（8）模板支撑架应在架体验收合格后，方可浇筑混凝土。

四、脚手架的拆除施工

（1）当脚手架需要拆除时，应按照经核准的专项施工方案中规定的顺序拆除。

（2）当双排脚手架采取分段、分立面拆除时，必须事先确定分界处的技术处理方案。当双排脚手架采取分段、分立面拆除时，对不拆除的脚手架两端，应按现行行业标准《建筑施工碗扣式钢管脚手架安全技术规范》（JGJ 166—2016）的有关构造规定设置斜撑杆和连墙杆加固。

（3）为防止脚手架在拆除时发生安全事故，在拆除脚手架前必须认真清理作业层上的施工机具及多余的材料和杂物。

（4）在进行脚手架拆除作业时，现场应设专人指挥，当有多人同时操作时，应明确分工、统一行动，且应具有足够的操作面。

（5）拆除的脚手架构配件应采用起重设备吊运或人工传递到地面，严禁抛掷构配件。

（6）拆除的脚手架构配件应按规定分类进行堆放，并应便于运输、维护和保管。

（7）双排脚手架拆除作业具有较大的危险性，在拆除中必须符合下列规定：

①脚手架的架体拆除应自上而下逐层进行，严禁上下层同时拆除，以保证拆除作业安全。

②连墙杆是确保脚手架平面外稳定的核心加固件，对尚未拆除的架体稳定性起着关键作用。因此，连墙杆应随脚手架逐层拆除，严禁先将连墙杆整层或数层拆除后再拆除架体。

③在进行拆除作业过程中，当架体的自由端高度大于两步（含两步）时，必须增设临时拉结件，这是确保架体顶部悬臂端的稳定性、保证作业安全的重要措施。

（8）为了保证拆除作业过程中未拆除架体的稳定，双排脚手架的斜撑杆、剪刀撑等加固件应在架体拆除至该部位时，才能将其拆除。

（9）模板支撑架的拆除应符合下列规定：

①架体拆除应符合现行国家标准《混凝土结构工程施工质量验收规范》（GB 50204—2015）、《混凝土结构工程施工规范》（GB 50666—2011）中混凝土强度的规定，拆除前应填写拆模申请单。

②预应力混凝土构件的架体拆除应在预应力施工完成后进行。

③架体的拆除顺序、工艺应符合专项施工方案的要求。当专项施工方案无明确规定时，应符合下列规定：a. 应先拆除后搭设的部分，后拆除先搭设的部分；b. 架体拆除必须自上而下逐层进行，严禁上下层同时拆除作业，分段拆除的高度不应大于两层；c. 梁下架体的拆除，宜从跨中开始，对称地向两端拆除，悬臂构件下架体的拆除，宜从悬臂端向固定端拆除。

第五节　碗扣式钢管脚手架的检查验收

为确保建筑工程快速、顺利、安全施工，碗扣式钢管脚手架搭设完成后，应当按照现行行业标准《建筑施工碗扣式钢管脚手架安全技术规范》（JGJ 166—2016）中的规定进行检查验收。

（1）双排脚手架和模板支撑架在搭设过程中，应根据建筑工程的施工进度，脚手架在下列环节进行检查与验收：

①在工程施工准备阶段，脚手架构配件进场后，应根据工程实际需要，对构配件进行检查与验收，主要检查构配件的规格、数量、质量等是否符合设计要求。

②地基与基础施工完成后，在架体正式搭设前，应对搭设脚

手架处的地基与基础进行检查与验收，主要检查地基与基础的承载力、平整度、场地尺寸等是否满足要求。

③首层水平杆的搭设是脚手架整体搭设质量好坏的关键，应对其进行认真检查与验收。

④双排脚手架每搭设一个楼层高度，在正式投入使用前，应对搭设的脚手架进行检查与验收，主要检查脚手架的搭设高度、宽度、牢固度等是否符合设计要求。

⑤脚手架的搭设在下列环节也应进行检查与验收：a. 模板支撑架每搭设完4步或搭设至6m高度时；b. 双排脚手架搭设至设计高度后；c. 模板支撑架搭设至设计高度后。

(2) 使用前应对进场的构配件进行检查，是验证架体所使用的构配件质量是否良好的重要工作环节。进入施工现场的主要构配件应有产品质量合格证、产品性能检验报告，并应按照现行行业标准《建筑施工碗扣式钢管脚手架安全技术规范》（JGJ 166—2016）附录表 D-1 的规定对其表面观感质量、规格尺寸等进行抽样检验。

(3) 地基基础检查验收项目、质量要求、抽检数量、检验方法，应符合现行行业标准《建筑施工碗扣式钢管脚手架安全技术规范》（JGJ 166—2016）附录表 D-2 的规定，并应重点检查和验收下列内容：

①地基的处理、承载力应符合专项施工方案设计的要求。

②基础的顶面应坚实、平整，并应设置必要的排水设施。

③基础不应有不均匀沉降，立杆底座和垫板与基础间应无松动、悬空现象。

④地基基础施工记录和试验资料应完整。

(4) 架体检查验收项目、质量要求、抽检数量、检验方法，应符合现行行业标准《建筑施工碗扣式钢管脚手架安全技术规范》（JGJ 166—2016）附录表 D-3 的规定，并应重点检查和验收下列内容：

①架体三维尺寸和门洞设置应符合专项施工方案设计的要求。

②斜撑杆和剪刀撑应按专项施工方案设计规定的位置和间距设置。

③纵向水平杆、横向水平杆应连续设置，扫地杆距离地面的高度应满足现行行业标准《建筑施工碗扣式钢管脚手架安全技术规范》（JGJ 166—2016）的要求。

④模板支撑架立杆伸出顶层水平杆长度不应超出现行行业标准《建筑施工碗扣式钢管脚手架安全技术规范》（JGJ 166—2016）的上限要求。

⑤双排脚手架连墙杆应按施工方案设计规定的位置和间距设置，并应与建筑结构和架体可靠连接。

⑥模板支撑架应与既有建筑结构可靠连接；上碗扣应将水平杆接头锁紧。

⑦架体水平度和垂直度偏差应在现行行业标准《建筑施工碗扣式钢管脚手架安全技术规范》（JGJ 166—2016）的允许范围内。

(5) 安全防护设施检查验收项目、质量要求、抽检数量、检验方法，应符合现行行业标准《建筑施工碗扣式钢管脚手架安全技术规范》（JGJ 166—2016）附录表D-4的规定，并应重点检查和验收下列内容：

①作业层宽度、脚手板、挡脚板、防护栏杆、安全网、水平防护的设置应齐全、牢固。

②梯道或坡道的设置应符合专项施工方案设计的要求，防护设施应齐全。

③门洞顶部应封闭，两侧应设置防护设施，车行通道门洞应设置交通设施和标志。

(6) 脚手架检查验收应具备下列资料：

①脚手架专项施工文件及变更文件。

②周转使用的脚手架构配件，使用前的复验合格记录。

③构配件进场、基础施工、架体搭设、防护设施施工阶段的施工记录及质量检查记录。

(7) 脚手架搭设至设计高度后，在正式投入使用前，应在阶段检查验收的基础上形成完工验收记录，记录表应符合现行行业标准《建筑施工碗扣式钢管脚手架安全技术规范》（JGJ 166—2016）附录 E 的规定。

第六节　碗扣式钢管脚手架的安全管理

由于建筑工程的工期长，施工人员在安全问题上往往会产生麻痹思想，其中脚手架安全管理更容易被忽视，致使涉及脚手架的安全事故时有发生，在不同程度上造成了人员伤亡、财产损失和对施工工期的影响。因此，在脚手架的准备、搭设、使用、拆除、运输以及保管的全过程中，必须贯彻"安全第一、预防为主、综合治理"的方针，应按照现行行业标准《建筑施工碗扣式钢管脚手架安全技术规范》（JGJ 166—2016）中的规定，采取有效的措施，防止事故的发生。

(1) 为保证脚手架搭设符合现行规范的要求，脚手架搭设和拆除人员必须经岗位作业能力培训考核合格后，方可持证上岗。

(2) 在搭设和拆除脚手架的作业中应有相应的安全设施，操作人员应正确佩戴安全帽、安全带和防滑鞋，这是对现场作业人员的安全管理提出的岗位能力的基本要求。

(3) 工程实践证明，当脚手架的实际作用荷载超过设计所采用的荷载值时，架体结构的安全可靠度指标将会降低，甚至会导致架体坍塌等安全事故。因此，脚手架作业层上的施工荷载不得超过设计允许荷载。

(4) 当遇到六级及以上强风、浓雾、雨或雪天气时，应立即停止脚手架的搭设与拆除作业。凡雨、霜、雪后，上脚手架作业应有防滑措施，并应及时清除水、冰、霜、雪。

(5) 为确保脚手架施工质量和作业人员安全，夜间不宜进行脚手架搭设与拆除作业。

(6) 在搭设与拆除脚手架作业时，应设置安全警戒线和警戒标志，并应设专人进行监护，严禁非作业人员进入作业范围。

(7) 双排脚手架是按正常使用的条件设计和搭设的，在进行双排脚手架的方案设计时，无法考虑作用在脚手架上由施工临时设施、设备引起的附加外力。为确保脚手架在作业过程中的安全，严禁将模板支撑架、缆风绳、混凝土输送泵管、卸料平台及大型设备的附着件等固定在双排脚手架上。

(8) 脚手架经验收合格投入使用后，在使用过程中应按规定定期检查，检查项目应符合下列规定：

①基础应无积水现象，基础周边应有序排水，底座和可调托撑应无松动，立杆应无悬空。

②经过仔细检查，基础应无明显沉降，架体应无明显变形。

③脚手架的立杆、水平杆、斜撑杆、剪刀撑和连墙件应无缺失、松动。

④在脚手架的使用过程中，架体应无超载使用情况。

⑤在脚手架的使用过程中，模板支撑架监测点应完好。

⑥脚手架的安全防护设施应齐全有效，无损失、缺失。

(9) 当脚手架遇有下列情况之一时，应对其进行全面检查，确认安全后方可继续使用：

①遇有六级及以上强风或大雨后。

②搭设脚手架的冻结地基解冻后。

③脚手架停止使用超过一个月后。

④架体突然遭受外力撞击作用后。

⑤脚手架的架体部分拆除后。

⑥脚手架遇有其他特殊情况后。

⑦其他可能影响架体结构稳定性的特殊情况发生后。

（10）当在双排脚手架上同时有两个及以上操作层作业时，在同一跨距内各操作层的施工均布荷载标准值总和不得超过 $5kN/m^2$。防护脚手架应有限载标识。

（11）架体主节点处的纵向水平杆、横向水平杆、纵向扫地杆、横向扫地杆和连墙件为架体的关键加强件，对确保架体框架的几何不变体系和空间整体稳定性具有重要的作用。在脚手架使用期间，严禁擅自拆除架体主节点处的水平杆、横向水平杆、纵向扫地杆、横向扫地杆和连墙件。

（12）当脚手架在使用过程中出现安全隐患时，应立即停止作业，及时查明原因并排除；当出现可能危及人身安全的重大隐患时，应立即停止架上的一切作业，迅速撤离作业人员，并应及时检查处置。

（13）模板支撑架在使用过程中，模板下严禁人员停留。

（14）模板支撑架在使用过程中应符合下列规定：

①浇筑混凝土应在签署混凝土浇筑令后进行。

②混凝土的浇筑顺序应符合下列规定：a. 框架结构中连续浇筑立柱和梁板时，应按照先浇筑立柱、后浇筑梁板的顺序进行；b. 浇筑梁板或悬臂构件时，应按照从沉降变形大的部位向沉降变形小的部位顺序进行。

（15）当有下列情况之一时，宜按现行行业标准《钢管满堂支架预压技术规程》（JGJ/T 194—2009）的规定，对模板支撑架及地基进行预压：

①承受重载或设计有特殊要求时。

②地基为不良地质条件时。

③拟浇筑构件跨度大、对成型线形有要求时。

（16）模板支撑架应编制监测方案，在使用过程中应按监测方案对架体实施监测。

（17）双排脚手架在使用过程中，应对整个架体相对主体结构的变形、基础沉降、架体垂直度进行观测。

（18）在影响脚手架地基安全的范围内，严禁进行挖掘、振动等作业。

（19）脚手架应与输电线路保持安全距离，施工现场临时用电线路架设及脚手架接地防雷措施等，应符合现行行业标准《施工现场临时用电安全技术规范》（JGJ 46）的规定。

（20）在脚手架上进行焊接作业时，必须采取可靠的防火措施，应派专人监护，并应符合现行国家标准《建设工程施工现场消防安全技术规范》（GB 50720）的规定。

第三章 门式钢管脚手架

门式钢管脚手架又称为多功能门式脚手架,这是目前国际上应用最普遍的脚手架之一。这种脚手架是以门架、交叉支撑、水平梁架、连接棒、锁臂和脚手板等组成基本单元,再设置水平加固杆、剪刀撑、扫地杆、封口杆、托座与底座,并采用连墙件与建筑物主体连接的一种标准化钢管脚手架。

我国自20世纪80年代从日本引进这项技术,目前已广泛应用于各类建筑工程中。门式钢管脚手架的主要特点是尺寸标准、结构合理、承载力高、装拆容易、安全可靠、高度可调,特别适用于搭设使用周期比较短或频繁周转的脚手架。

但是,由于组装件的接头大部分不是螺栓式的连接,而是采用插销式或扣搭式的连接,因此搭设较高大或荷重较大的脚手架时,必须附加钢管进行拉结和紧固,否则其稳定性较差,容易出现倾倒事故。

门式钢管脚手架的搭设高度,随着施工荷载标准值不同而不同。当施工荷载标准值为$3\sim5kN/m^2$时,其搭设高度为小于或等于45m;当施工荷载标准值小于$3kN/m^2$时,其搭设高度为小于或等于60m。当脚手架高度为$19\sim38m$时,可三层同时操作;当脚手架高度小于或等于17m时,可四层同时操作。

第一节 门式钢管脚手架的构配件

门式钢管脚手架的主要构件为门架、梯形架、窄形架、承托架等。配件主要有交叉支撑、挂扣式脚手板、水平架、连接棒、锁臂、可调底座、钢梯、栏杆柱、栏杆扶手等。加固件用于增强门式钢管脚手架的刚度、整体性和稳定性，加固件主要有水平加固杆、剪刀撑、扫地杆、封口杆和扣件等。连墙杆是用于脚手架与建筑结构物连接的部件。

在一般情况下，门式钢管脚手架首先由门式框架、剪刀撑（交叉杆件）和水平梁架（平行架）或脚手板构成脚手架的基本单元（如图3-1所示）。再将基本单元相互连接起来，并增加梯子、栏杆等部件，即构成整片门式钢管脚手架（如图3-2所示）。门式钢管脚手架的组成如图3-3所示。

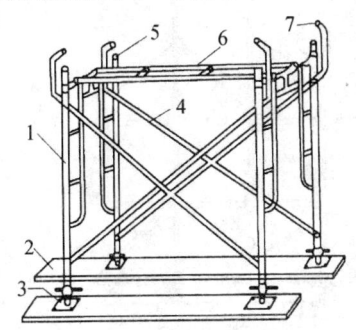

图3-1 门式钢管脚手架的基本单元
1—门架；2—平板；3—螺旋基脚；4—剪刀撑；
5—连接棒；6—水平梁架；7—锁臂

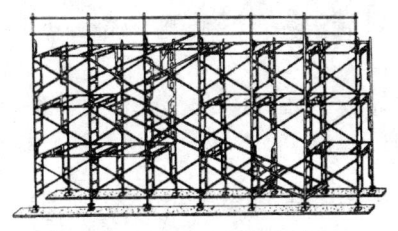

图3-2 整片门式脚手架

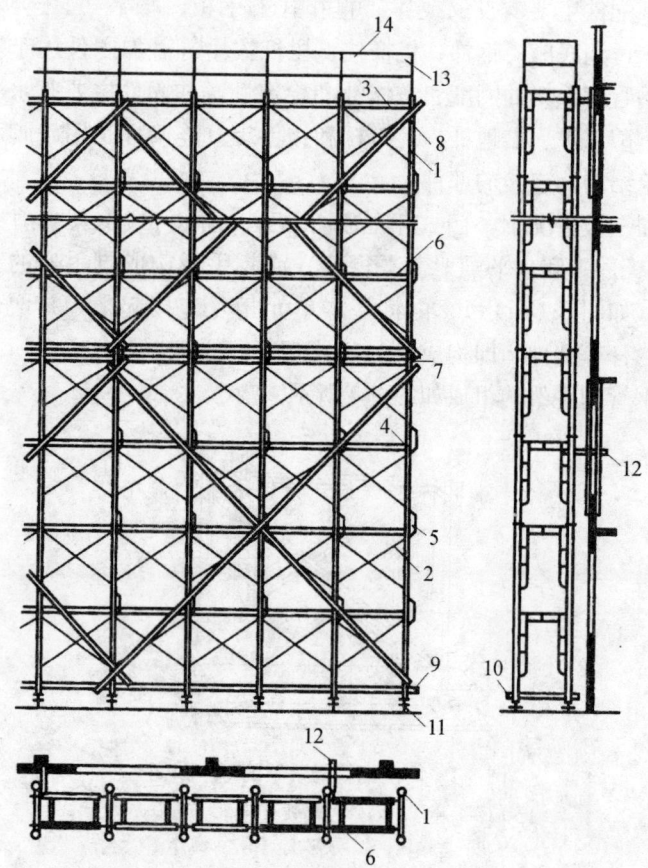

图 3-3 门式钢管脚手架的组成

1—门架；2—交叉支撑；3—脚手板；4—连接棒；5—锁臂；
6—水平架；7—水平加固杆；8—剪刀撑；9—扫地杆；10—封口杆；
11—底座；12—连墙体；13—栏杆；14—扶手

门式钢管脚手架所用的构配件规格、质量，应符合现行行业标准《建筑施工门式钢管脚手架安全技术规范》(JGJ 128—2010)中的规定。

(1) 门架与配件的钢管，应采用现行国家标准《直缝电焊钢管》（GB/T 13793—2016）或《低压流体输送用焊接钢管》（GB/T 3091—2015）中规定的普通钢管，其材质应符合现行国家标准《碳素结构钢》（GB/T 700—2006）中 Q235 级钢的规定。门架与配件的性能、质量及型号的表述方法，应符合现行行业标准《门式钢管脚手架》（JG 13—1999）的规定。

(2) 周转使用的门架与配件，应按现行行业标准《建筑施工门式钢管脚手架安全技术规范》（JGJ 128—2010）中附录 A 的规定进行质量类别判定与处置。

(3) 门架立杆加强杆的长度不应小于门架高度的 70%；门架宽度不得小于 800mm，且不宜大于 1200mm。

(4) 加固杆钢管应符合现行国家标准《直缝电焊钢管》（GB/T 13793—2016）或《低压流体输送用焊接钢管》（GB/T 3091—2015）中规定的普通钢管，其材质应符合现行国家标准《碳素结构钢》（GB/T 700—2006）中 Q235 级钢的规定。宜采用直径 $\phi 42mm \times 2.5mm$ 的钢管，也可以采用直径 $\phi 48mm \times 3.5mm$ 的钢管；相应的扣件规格也应分别为 $\phi 42mm$、$\phi 48mm$。

(5) 门架所用的钢管应平直，其平直度的允许偏差不应大于管长的 1/500，钢管不得接长使用，不应使用带有硬伤或严重锈蚀的钢管。门架立杆、横杆钢管壁厚的负偏差不应超过 0.2mm。钢管壁厚存在负偏差时，宜选用热镀锌钢管。

(6) 交叉支撑、锁臂、连接棒等配件与门架相连时，应有防止退出的止退机构，当连接棒与锁臂一起应用时，连接棒可以不受此限制。脚手板、钢梯与门架相连的挂扣，应当有防止脱落的扣紧机构。

(7) 底座和托座分为可调式和固定式底（托）座两种。底座、托座及其可调螺母应采用可锻铸铁或铸钢制作，其材质应当符合现行国家标准《可锻铸铁件》（GB/T 9440—2010）中 KTH-

330-08 或《一般工程用铸造碳钢件》(GB/T 11352—2009) 中 ZG230-450 的规定。

(8) 门式钢管脚手架所用的扣件，应采用可锻铸铁或铸钢制作，其质量和性能应符合现行国家标准《钢管脚手架扣件》(GB 15831—2006) 的要求。连接外径为 $\phi 42mm/\phi 48mm$ 钢管的扣件应有明显标记。

(9) 门式钢管脚手架必须采用连墙件与建筑物进行可靠连接，以保证脚手架的稳定性和安全可靠承载。门式钢管脚手架所用的连接件，宜采用钢管或型钢制作，其材质应符合现行国家标准《碳素结构钢》(GB/T 700—2006) 中 Q235 级钢或《低合金高强度结构钢》(GB/T 1591—2008) 中 Q345 级钢的规定。

(10) 悬挑脚手架的悬挑梁或悬挑桁架宜采用型钢制作，其材质应符合现行国家标准《碳素结构钢》(GB/T 700—2006) 中 Q235B 级钢或《低合金高强度结构钢》(GB/T 1591—2008) 中 Q345 级钢的规定。用于固定型钢悬挑梁或悬挑桁架的 U 形钢筋拉环或锚固螺栓，其材质应符合现行国家标准《钢筋混凝土用钢 第 1 部分：热轧光圆钢筋》(GB 1499.1—2008) 中 HPB235 级钢筋或《钢筋混凝土用钢 第 2 部分：热轧带肋钢筋》(GB 1499.2—2018) 中 HRB335 级钢筋的规定。

(11) 门架、配件及扣件的计算用表可按现行行业标准《建筑施工门式钢管脚手架安全技术规范》(JGJ 128—2010) 中附录 B 的规定采用。

第二节 门式钢管脚手架构造要求

一、门架的构造要求

门式框架简称门架，门架有多种形式，标准型是最基本的形式，用于构成门式钢管脚手架的基本单元。在门架立杆的竖直方向采用连接棒和锁臂接高，纵向以交叉支撑连接门架立杆，在架顶水平面使用挂扣式脚手架，由此构成门式钢管脚手架的基本组合单元。门架的构造应符合现行行业标准《建筑施工门式钢管脚手架安全技术规范》(JGJ 128—2010) 中的规定。

(1) 门架应能配套使用，在不同的组合情况下，均应保证连接方便、可靠，且应具有良好的互换性。

(2) 在现行行业产品标准《门式钢管脚手架》(JG 13—1999) 中，门架、配件的型号是根据各自尺寸规格确定的，不同型号的门架与配件，因其尺寸规格不同，所以不能相互搭配使用。如果使用不同型号的门架与配件搭设架体，则会出现无法组配安装，或组配安装后的架体因误差过大而降低承载力的情况。

(3) 经试验证明，如果上下榀门架立杆的轴线偏差较大，就会使搭设的架体产生过大的初始移位偏差，从而影响架体的承载力，因此上下榀门架立杆应在同一轴线位置上，门架立杆轴线对接偏差不应大于 2mm。

(4) 离墙面净距是指门架内侧立杆离建筑结构边缘的距离，为了保证施工安全，门架立杆离建筑结构的净距不宜大于 150mm；当遇有阳台等突出墙面的结构大于 150mm 时，可在脚手架内侧设挑架板或采取其他防护措施。

(5) 脚手架顶端栏杆高出女儿墙上端或檐口上端 1.5m，是门架安全防护的需要，搭设时遇有屋面挑檐的情况时，可采用承托架搭设。搭设承托架的位置应设连墙件。

二、门架的配件构造要求

(1) 门架是依靠配件将其连接起来的，配件如果与门架不配套，则会出现架体无法搭设或因搭设的架体误差过大，而使架体的承载力严重下降，甚至存在安全隐患。因此，配件应与门架配套,并应与门架连接可靠。

(2) 交叉支撑是保证门式钢管脚手架、模板支架纵向稳定、增强架体刚度的主要配件,门架两侧均应设置交叉支撑,并与门架立杆上的锁销锁牢,是保证架体整体稳定和局部稳定的重要构造规定。

(3) 上、下榀门架立杆的连接是依靠内插定型的连接棒进行连接的。为保证搭设的架体上、下榀门架立杆在同一轴线上,除搭设时认真操作外,还应控制连接棒与门架立杆的配合间隙不应大于 2mm,这样也有利于提高架体的稳定承载力。

(4) 门式脚手架或模板支架的上、下榀门架间应设置锁臂,当采用插销式或弹销式连接棒时,可以不设置锁臂。

(5) 为便于施工和安全操作,门式脚手架作业层应连续满铺与门架配套的挂扣式脚手板,并应有防止脚手板松动或脱落的措施。当脚手板上有孔洞时,孔洞的内切圆直径不应大于 25mm。

(6) 底部门架的立杆下端应设置固定底座或可调底座。

(7) 可调底座和可调托座的调节螺杆直径不应小于 35mm,可调底座的调节螺杆伸出长度不应大于 200mm。

三、门架的加固件构造要求

(1) 为了确保脚手架搭设的安全,以及脚手架的整体稳定性,剪刀撑必须随着门架的搭设同步搭设。剪刀撑的设置如图 3-4 所示。

(2) 门式脚手架剪刀撑的设置必须符合下列规定:

①当门式脚手架搭设高度在 24m 及以下时,在脚手架的转角处、两端及中间间隔不超过 15m 的外侧立面必须各设置一道剪刀撑,并应由底至顶连续设置。

②当脚手架搭设高度超过 24m 时,在脚手架全外侧立面上必须设置连续剪刀撑。

③对于悬挑脚手架,在脚手架全外侧立面上必须设置连续剪刀撑。

④每道剪刀撑的宽度不应大于6个跨距,且不应大于10m;也不应小于4个跨距,且不应小于6m。设置连续剪刀撑的斜杆水平间距宜为6~8m。

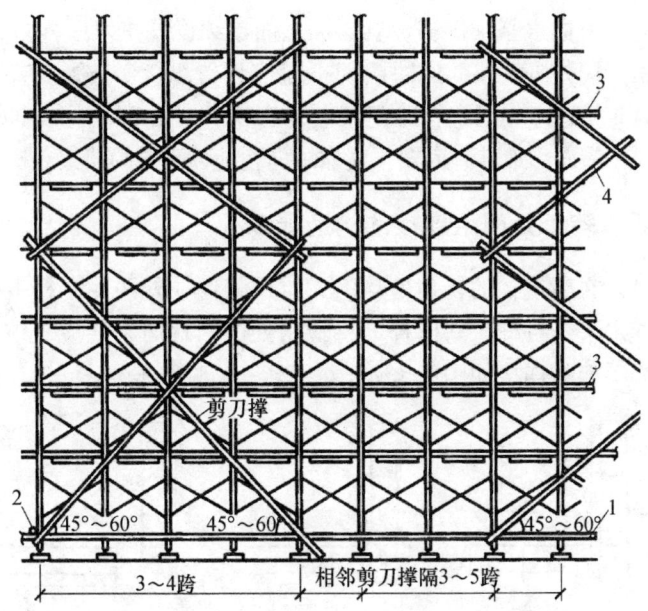

图3-4 剪刀撑的设置

1—纵向扫地杆;2—横向封口杆;3—水平加固杆;4—剪刀撑

(3)门式脚手架应在门架两侧的立杆上设置纵向水平加固杆,并应采用扣件与门架立杆扣紧。水平加固杆的设置应符合下列要求:

①在顶层、连墙件设置层必须设置剪刀撑。

②当脚手架每步铺设挂扣式脚手板时,至少每4步应设置1道剪刀撑,并宜在有连墙件的水平层设置。

③当门式脚手架的搭设高度小于或等于40m时,至少每2步

门架设置1道剪刀撑;当门式脚手架的搭设高度大于40m时,每步门架应设置1道剪刀撑。

④在门式脚手架的转角处、开口型脚手架端部的2个跨距内,每步门架应设置1道剪刀撑。

⑤悬臂脚手架应每步门架设置1道剪刀撑。

⑥在纵向水平加固杆设置层面上应连续设置剪刀撑。

(4)门式脚手架的底层门架下端应设置纵、横向通长的扫地杆。纵向扫地杆应固定在距门架立杆底端不大于200mm处的门架立杆上,横向扫地杆宜固定在紧靠纵向扫地杆下方的门架立杆上。

四、转角处门架连接的构造要求

(1)在建筑物的转角处,门式脚手架内、外两侧立杆上应按步设置水平连接杆、斜撑杆,将转角处的两榀门架连成一体。转角处脚手架的连接如图3-5所示。

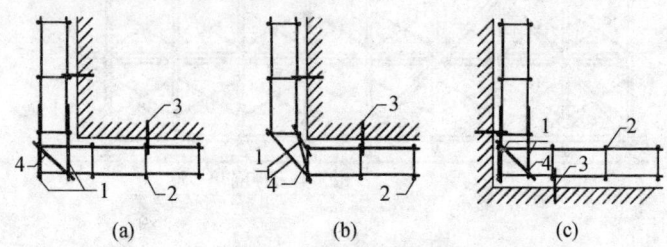

图3-5 转角处脚手架的连接

(a)、(b)阳角转角处脚手架连接;(c)阴角转角处脚手架连接
1—连接杆;2—门架;3—连墙件;4—斜撑杆

(2)连接杆、斜撑杆应采用钢管,其规格应与水平加固杆相同。

(3)连接杆、斜撑杆应采用扣件与门架的立杆及水平加固杆扣紧。

五、门架的连墙件构造要求

(1) 连墙件的位置、数量应按专项施工方案确定,并按照确定的位置设置预埋件。

(2) 连墙件的设置除应满足规定的计算要求外,还应满足表3-1中的要求。

表3-1 连墙件最大间距或最大覆盖面积

序号	脚手架搭设方式	脚手架高度 (m)	连墙件间距 (m) 竖向	连墙件间距 (m) 水平向	每根连墙件覆盖面积 (m^2)
1	落地、密目式安全网全封闭	≤40	3h	3l	≤40
2	落地、密目式安全网全封闭	≤40	2h	3l	≤27
3	落地、密目式安全网全封闭	>40	2h	3l	≤27
4	悬挑、密目式安全网全封闭	≤40	3h	3l	≤40
5	悬挑、密目式安全网全封闭	40~60	2h	3l	≤27
6	悬挑、密目式安全网全封闭	>60	2h	2l	≤20

注:1. 序号4~6为架体位于地面上的高度;
2. 按每根连墙件覆盖面积选择连墙件时,连墙件的竖向间距不应大于6m;
3. 表中的 h 为步距,l 为跨距。

(3) 在门式脚手架的转角处或开口型脚手架的端部,必须设置连墙件,连墙件的垂直间距不应大于建筑物的层高,且不应大于4.0m。

(4) 连墙件应靠近门架的横杆设置,距门架横杆不宜大于200mm。连墙件应固定在门架的立杆上。

(5) 连墙件宜水平设置,当确实不能水平设置时,与脚手架连接的一端,应低于与建筑结构连接的一端,连墙杆的坡度宜小于1:3。

六、门架的通道口构造要求

(1) 门式脚手架通道口高度不宜大于2个门架高度,宽度不宜大于 1 个门架跨距。

(2) 门式脚手架通道口应采取加固措施,并应符合下列规定:

当通道口宽度为一个门架跨距时,在通道口上方的内外侧应设置水平加固杆,水平加固杆应延伸至通道口两侧各 1 个门架跨距,并在两个上角内外侧加设斜撑杆,如图 3-6(a)所示。

当通道口宽度为 2 个及以上门架跨距时,在通道口上方应设置经专门设计和制作的托架梁,并应加强两侧的门架立杆,如图 3-6(b)所示。

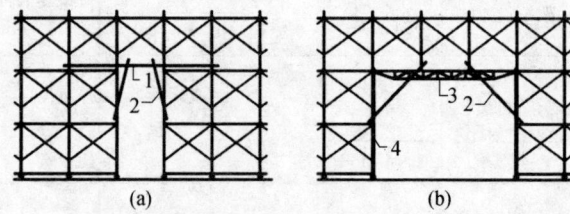

图 3-6 通道口加固示意
(a)(b)分别为通道口宽度 1 个门架跨距、2 个及以上门架跨距加固示意
1—水平加固杆;2—斜撑杆;3—托架梁;4—加强杆

七、门架的斜梯构造要求

(1) 作业人员上下脚手架的斜梯应采用挂扣式的钢梯,并宜采用"之"字形设置,一个梯段宜跨越 2 步或 3 步门架再进行转折。

(2) 钢梯的规格应与门架规格配套,并应与门架挂扣牢靠。

(3) 为确保施工人员安全,钢梯应设置栏杆扶手、挡脚板。

八、门架对地基的要求

(1) 门式脚手架与模板支架的地基承载力,应根据前面所述的地基承载力计算公式经计算确定,在进行搭设时,根据不同地基土质和搭设高度条件,应符合表 3-2 中的规定。

表 3-2 门式脚手架对地基的要求

搭设高度（m）	地基土质		
	中低压缩性且压缩性均匀	回填土	高压缩性或压缩性不均匀
≤24	压实原土，干重力密度要求为 15.5kN/m³。立杆底座置于面积不小于 0.075m² 的垫木上	土夹石或素土回填夯实，立杆底座置于面积不小于 0.10m² 的垫木上	夯实原土，铺设通长垫木
>24且≤40	垫木的面积不小于 0.10m²，其他同上	砂夹石回填夯实，其余同上	夯实原土，在搭设地面上铺满 C15 混凝土，厚度不小于 150mm
>40且≤55	垫木的面积不小于 0.15m²，或铺设通长垫木，其他同上	砂夹石回填夯实，立杆底座置于面积不小于 0.15m² 的垫木上或通长垫木上	夯实原土，在搭设地面上铺满 C15 混凝土，厚度不小于 200mm

注：垫木的厚度不小于 50mm，宽度不小于 200mm；通长垫木的长度不小于 1500mm。

(2) 门式脚手架与模板支架的搭设场地必须平整坚实，并应符合下列规定：①回填土应分层回填，逐层夯实；②场地排水应顺畅，不应有积水现象。

(3) 搭设门式脚手架的地面标高宜高于自然地坪标高 50～100mm。

(4) 当门式脚手架与模板支架搭设在楼面等建筑结构上时，门架立杆下宜铺设垫板。

九、门架对悬挑脚手架的要求

(1) 悬挑脚手架的悬挑支承结构应根据施工方案进行布设，其位置应与门架立杆位置对应，每一跨距宜设置一根型钢悬挑梁，并应按确定的位置设置预埋件。

(2) 型钢悬挑梁的锚固长度应不小于悬挑段长度的 1.25 倍，

悬挑支承点设置在建筑结构的梁板上，不得设置在外伸阳台或悬挑楼板上（有加固措施的除外）。型钢悬挑梁在主体结构上的设置如图3-7所示。

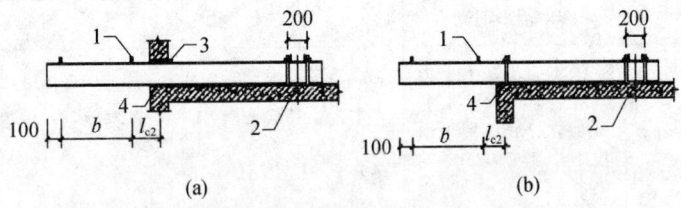

图3-7　型钢悬挑梁在主体结构上的设置
(a) 型钢悬挑梁穿墙设置；(b) 型钢悬挑梁楼面设置
1—DN25短钢管与钢梁焊接；2—锚固段压点；
3—木楔；4—钢板（150mm×100mm×10mm）

(3) 型钢悬挑梁采用双轴对称截面的型钢。

(4) 型钢悬挑梁的锚固段压点应采用不少于2个（对）预埋U形钢筋拉环或螺栓固定；锚固位置的楼板厚度不应小于100mm，混凝土的强度不应低于20MPa。

U形钢筋拉环或螺栓应埋设在下排钢筋的上边，并与结构钢筋焊接或绑扎牢固，锚固长度应符合现行标准《混凝土结构设计规范》（GB 50010—2010）中钢筋锚固的规定。型钢悬挑梁与楼板固定如图3-8所示。

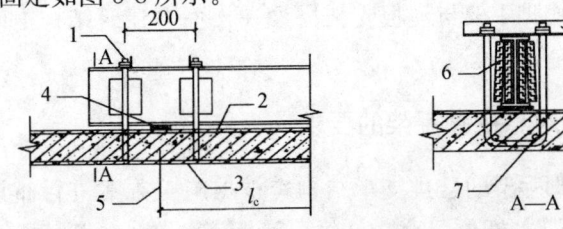

图3-8　型钢悬挑梁与楼板固定
1—锚固螺栓；2—负弯矩钢筋；3—建筑结构楼板；4—钢板；
5—锚固螺栓中心；6—木楔；7—锚固钢筋；8—角钢

(5) 用于锚固的 U 形拉环或螺栓应采用冷弯成型,钢筋的直径不宜小于 16mm。

(6) 当型钢悬挑梁与建筑结构采用螺栓钢压板连接固定时,钢压板的尺寸不应小于 100mm×10mm(宽×厚);当采用螺栓角钢压板连接固定时,角钢的规格不应小于 63mm×63mm×6mm。

(7) 型钢悬挑梁与 U 形拉环或螺栓连接应当紧固。当采用钢筋拉环固定时,应当采用钢楔或硬木楔塞紧;当采用螺栓钢压板连接时,应采用双螺母并确定拧紧。严禁型钢悬挑梁晃动。

(8) 悬挑脚手架底层门架立杆与型钢悬挑梁应可靠连接,不得滑动或窜动。型钢上应设置固定连接棒与门架立杆连接,连接棒的直径不应小于 25mm,长度不应小于 100mm,应与型钢悬挑梁焊接牢固。

(9) 悬挑脚手架底层门架两侧立杆应设置纵向扫地杆,并应在脚手架的转角处、两端和中间间隔不超过 15m 的底层门架上各设置一道单跨距的水平剪刀撑,剪刀撑斜杆应与门架立杆底部扣紧。

(10) 在建筑平面的转角处,型钢悬挑梁应经单独计算设置;架体应按步设置水平连接杆,并应与门架立杆或水平加固杆扣紧。建筑平面转角处型钢悬挑梁设置,如图 3-9 和图 3-10 所示。

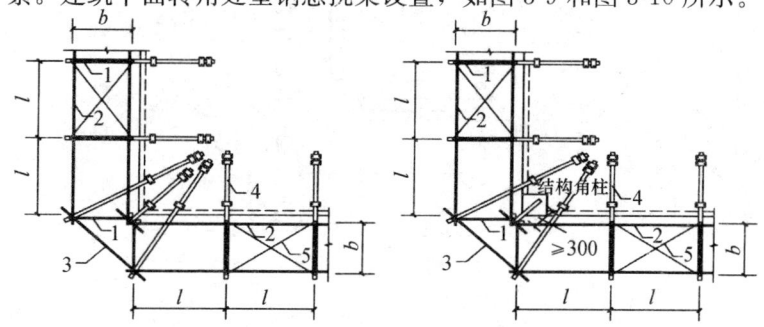

图 3-9 建筑平面转角处型钢悬挑梁设置(一)
(a) 型钢悬挑梁在阳角处设置

1—门架;2—水平加固杆;3—连接杆;4—型钢悬挑梁;5—水平剪刀撑

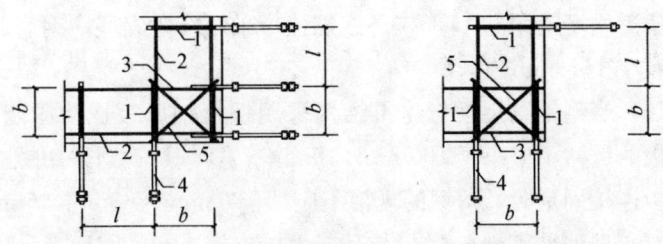

图 3-10 建筑平面转角处型钢悬挑梁设置（二）
(b) 型钢悬挑梁在阴角处设置
1—门架；2—水平加固杆；3—连接杆；4—型钢悬挑梁；5—水平剪刀撑

(11) 每个型钢悬挑梁外端宜设置钢丝绳或钢拉杆与上一层建筑结构斜拉结（图 3-11），钢丝绳、钢拉杆不得作为悬挑支撑结构的受力构件。

(12) 悬挑脚手架在底层应满铺脚手板，并应将脚手板与型钢梁连接牢固。

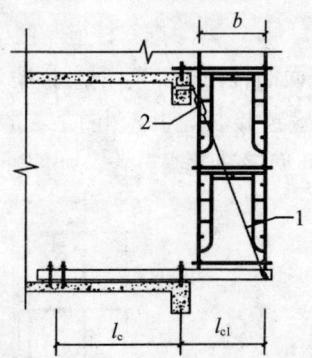

图 3-11 型钢悬挑梁端钢丝绳与建筑结构拉结
1—钢丝绳；2—花篮螺栓

十、门架对满堂脚手架的要求

(1) 满堂脚手架的门架跨距和间距应根据实际荷载计算确

定,门架净间距一般不宜超过1.2m。

(2) 满堂脚手架的高宽比不应大于4,搭设高度不宜超过30m。

(3) 满堂脚手架的构造设计,在门架立杆上宜设置托座和托梁,使门架立杆直接传递荷载。门架立杆上设置的托梁应具有足够的抗弯强度和刚度。

(4) 满堂脚手架在每步门架两侧立杆上应设置纵向、横向水平加固杆,并应采用扣件与门架立杆扣紧。

(5) 满堂脚手架的剪刀撑设置(如图3-12所示),除应符合《建筑施工门式钢管脚手架安全技术规范》(JGJ 128—2010)中的有关规定外,还应符合下列要求:

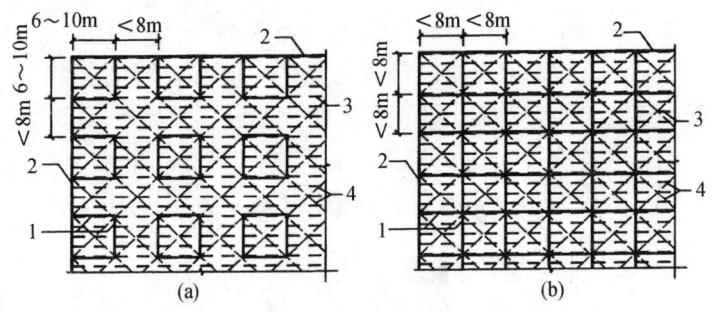

图3-12 满堂脚手架的剪刀撑设置示意图
(a) 搭设高度在12m及以下时剪刀撑的设置;(b) 搭设高度超过12m时剪刀撑的设置
1—竖向剪刀撑;2—周边竖向剪刀撑;3—门架;4—水平剪刀撑

①搭设高度在12m及以下时,在脚手架的周边应设置连续竖向剪刀撑;脚手架的内部纵向、横向间隔不超过8m应设置1道竖向剪刀撑;在顶层应设置连续的水平剪刀撑。

②当搭设高度超过12m时,在脚手架的周边和内部纵向、横向间隔不超过8m时应设置连续竖向剪刀撑;在顶层和竖向每隔4m应设置连续的水平剪刀撑。

③竖向剪刀撑应由底至顶连续设置。

(6) 在满堂脚手架的底层门架立杆上,应分别设置纵向、横向扫地杆,并应采用扣件与门架立杆扣紧。

(7) 满堂脚手架顶部作业区应满铺脚手板,并应用可靠的连接方式与门架横杆固定。操作平台上的孔洞应按现行行业标准《建筑施工高处作业安全技术规范》(JGJ 80—2018) 的规定防护。操作平台的周边应设置栏杆和挡脚板。

(8) 对于高宽比大于2的满堂脚手架,宜设置缆风绳和连墙件等有效措施防止架体倾覆,缆风绳或连墙件设置宜符合下列规定:

①在架体端部及外侧水平间距处不宜超过10m设置;宜与竖向剪刀撑位置对应设置。

②竖直间距不宜超过4步设置。

(9) 满堂脚手架中间设置通道口时,通道口底层门架可不设垂直通道方向的水平加固杆和扫地杆,通道口上部两侧应设置斜撑杆,并应符合现行行业标准《建筑施工高处作业安全技术规范》(JGJ 80—2016) 的规定在通道口上部设置防护层。

十一、门架对模板支架的要求

(1) 门架的跨距与间距应根据支架的高度、荷载由计算和构造要求确定,门架的跨距不宜超过1.5m,门架的净间距不宜超过1.2m。

(2) 模板支架的高宽比不应大于4,搭设高度不宜超过24m。

(3) 模板支架应按照《建筑施工门式钢管脚手架安全技术规范》(JGJ 128—2010) 中的有关规定设置托架和托梁,宜采用调节架、可调托座调整高度,可调托座调节螺杆的高度不宜超过300mm。底座和托座与门架立杆轴线偏差不应大于2mm。

(4) 用支承梁模板的门架,可采用平行或垂直于梁轴线的布置方式。梁模板支架的布置方式(一)如图3-13所示。

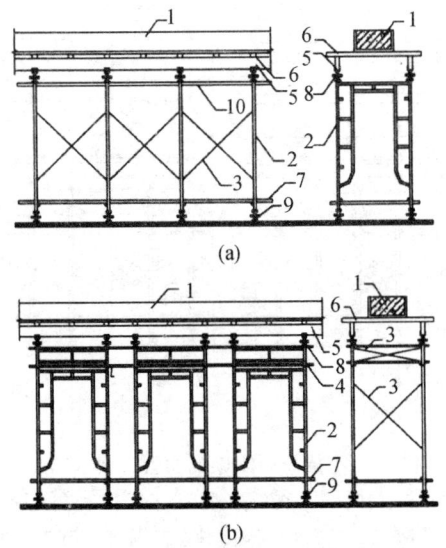

图 3-13 梁模板支架的布置方式(一)
(a)门架垂直于梁轴线布置;(b)门架平行于梁轴线布置
1—混凝土梁;2—门架;3—交叉支撑;4—调节架;5—托梁;6—小楞;
7—扫地杆;8—可调托架;9—可调底座;10—水平加固杆

(5) 当梁模板支架高度较高或荷载较大时,门架可采用复式(重叠)的布置方式。梁模板支架的布置方式(二)如图3-14所示。

(6) 梁板类结构的模板支架,应分别进行设计。板支架跨距(或间距)宜是梁支架跨距(或间距)的倍数,梁下横向水平加固杆应伸入板支架内不少于2根门架立杆,并应与板下门架立杆扣紧。

(7) 当模板支架的高宽比大于2时,应按照"对满堂脚手架的要求"中第(8)项规定设置缆风绳或连墙件。

(8) 模板支架在支架的四周和内部纵横向,应按现行行业标准《建筑施工模板安全技术规范》(JGJ 162—2008)中的规定,与建筑结构柱、墙进行刚性连接,连接点应设在水平剪刀撑或水

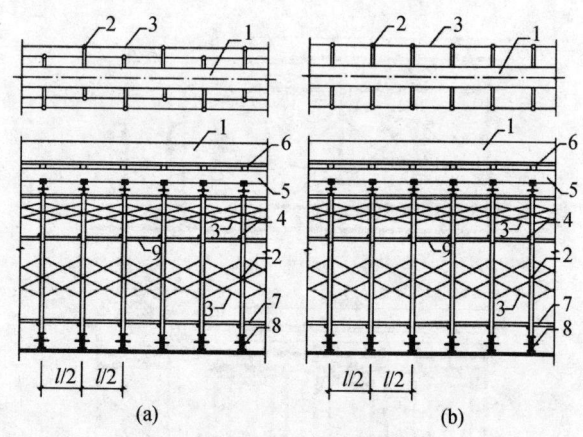

图 3-14 梁模板支架的布置方式（二）
1—混凝土梁；2—门架；3—交叉支撑；4—调节架；5—托梁；6—小楞；
7—扫地杆；8—可调底座；9—水平加固杆

平加固杆设置层，并应与水平杆连接。

（9）模板支架应按照"对满堂脚手架的要求"第（6）项的规定，设置必要的纵向、横向扫地杆。

（10）模板支架在每步门架两侧立杆上应设置纵向、横向水平加固杆，并应采用扣件与门架立杆扣紧。

（11）模板支架应设置剪刀撑对架体进行加固，剪刀撑的设置除满足"对加固杆的要求"第（2）规定外，还应符合下列要求：

①在支架的外侧周边及内部纵横向每隔 6～8m，应由底至顶设置连续竖向剪刀撑。

②搭设高度在 8m 及以下时，在顶层应设置连续的水平剪刀撑；搭设高度超过 8m 时，在顶层和每隔 4 步及以下应设置连续的水平剪刀撑。

③水平剪刀撑宜在竖向剪刀撑斜杆交叉层设置。

第三节　门式钢管脚手架搭设与拆除

一、脚手架施工准备工作

(1) 门式脚手架与模板支架搭设前，应向具体施工人员进行安全技术交底。

(2) 门式脚手架与模板支架搭设施工的专项施工方案，主要应包括下列内容：①工程概况、设计依据、搭设条件、搭设方案设计。②搭设施工图：架体的平面、立面、剖面图；脚手架连墙件的布置及构造图；脚手架转角、通道口的构造图；脚手架斜梯布置及构造图；重要节点构造图。③基础做法及要求。④架体搭设及拆除的程序和方法。⑤季节性施工措施。⑥质量保证措施。⑦架体搭设、使用、拆除的安全技术措施。⑧设计计算书。⑨悬挑脚手架搭设方案设计。⑩应急预案。

(3) 门架与配件、加固杆等在使用前应进行检查和验收。

(4) 经检验合格的构配件及材料，应按品种、规格分类堆放整齐、平稳。

(5) 对搭设施工场地应进行清理、平整，并应做好排水工作。

二、脚手架地基与基础

(1) 门式脚手架与模板支架的地基与基础的施工，应符合现行行业标准《建筑施工门式钢管脚手架安全技术规范》（JGJ 128—2010）第 6.8 节的规定和专项施工方案的要求。

(2) 在门式脚手架搭设前，应先在基础上弹出门架立杆的位置线，垫板、底座安放位置应准确，标高应一致。

三、门式脚手架的搭设

(1) 门式脚手架与模板支架的搭设程序应符合下列规定：

①门式脚手架的搭设应与施工进度同步，一次搭设的高度不宜超过最上层连接件两步，且自由高度不应大于 4m。

②满堂脚手架和模板支架应采用逐列、逐排和逐层的方法进行搭设。

③门架的组装应自一端向另一端延伸，应自下而上按步架设，并应逐层改变搭设方向；不应自两端相向搭设或自中间向两端搭设。

④每搭设完 2 步门架后，应校验门架的水平度及立杆的垂直度。

(2) 搭设门架及配件除应符合现行行业标准《建筑施工门式钢管脚手架安全技术规范》（JGJ 128—2010）第 6 章的规定外，尚应符合下列要求：

①交叉支撑、脚手板应与门架同时进行安装。

②连接门架的锁臂、挂钩必须处于锁住状态。

③钢梯的设置应符合专项施工方案组装布置图的要求，底层钢梯的底部应加设钢管并应采用扣件扣紧在门架立杆上。

④在施工作业层外侧周边应设置 180mm 高的挡脚板和两道栏杆，上道栏杆高度应为 1.2m，下道栏杆应居中设置。挡脚板和栏杆均应设置在门架立杆的内侧。

(3) 加固杆的搭设除应符合现行行业标准《建筑施工门式钢管脚手架安全技术规范》（JGJ 128—2010）第 6.3 节和第 6.9 节~6.11 节的规定外，尚应符合下列要求：

①水平加固杆、剪刀撑等加固杆件必须与门架同步搭设。

②水平加固杆应设于门架立杆内侧，剪刀撑应设于门架立杆外侧。

（4）门式脚手架连墙件的安装必须符合下列规定：

①连墙件的安装必须随脚手架搭设同步进行，严禁滞后安装。

②当脚手架操作层高出相邻连墙件以上 2 步时，在连墙件安装完毕前必须采用确保脚手架稳定的临时拉结措施。

（5）加固杆、连墙件等杆件与门架采用扣件连接时，应符合下列规定：

①门式脚手架所用扣件规格应与所连接钢管的外径相匹配。

②扣件螺栓拧紧扭力矩值应为 40~65N·m。

③杆件端头伸出扣件盖板边缘长度不应小于 100mm。

（6）悬挑脚手架的搭设应符合现行行业标准《建筑施工门式钢管脚手架安全技术规范》（JGJ 128—2010）第 6.1 节～第 6.5 节和第 6.9 节的要求，搭设前应检查预埋件和支承型钢悬挑梁的混凝土强度。

（7）门式脚手架通道口的搭设应符合现行行业标准《建筑施工门式钢管脚手架安全技术规范》（JGJ 128—2010）第 6.6 节的要求，斜撑杆、托架梁及通道口两侧的门架立杆应与门架同步搭设，严禁滞后安装。

（8）满堂脚手架与模板支架的可调底座、可调托座宜采取防止砂浆、水泥浆等物填塞螺纹的措施。

四、门式脚手架的拆除

根据现行国家标准《建筑施工门式钢管脚手架安全技术规范》（JGJ 128—2010）中的规定，门式钢管脚手架的拆除，应当符合下列要求：

（1）架体拆除应按拟定的拆除方案施工，并应在拆除前做好以下工作：应对拆除的架体进行拆除前的检查；根据拆除前的检查结果补充完善拆除方案；清除架体上的材料、杂物及作业面的障碍物。

(2) 拆除作业必须符合下列规定：

①架体的拆除应从上而下逐层进行，严禁上下层同时进行拆除作业。

②同一层的构配件和加固件必须按照先上后下、先外后内的顺序进行拆除。

③连墙件必须随脚手架逐层拆除，严禁先将连墙件整层或数层拆除后再拆架体。拆除作业过程中，当架体的自由高度大于2步时，必须加设临时拉结。

④连接门架的剪刀撑等加固杆件必须在拆除该门架时再拆除。

(3) 在拆除连接部件时，应先将止退装置旋转至开启位置，然后拆除，不得硬拉，严禁敲击。拆除作业中，严禁使用手锤等硬物击打、"撬别"。

(4) 当门式脚手架需分段拆除时，架体不拆除部分的两端应按《建筑施工门式钢管脚手架安全技术规范》（JGJ 128—2010）中第6.5.3条的规定采取加固措施后再拆除。

(5) 门架和配件应采用机械或人工运至地面，严禁采用抛掷的方式。

(6) 拆卸的门架、配件和加固件等不得集中堆放在未拆除的架体上，并应及时检查、整修和保养，并宜按品种、规格分别堆放。

第四节 门式钢管脚手架检查与验收

一、构配件检查与验收

(1) 门式钢管脚手架与模板支架在搭设前，对门架与配件的基本尺寸、质量和性能，应按现行行业产品标准《门式钢管脚手架》(JG 13—1999)的规定进行检查，确认合格后方可使用。

(2) 施工现场使用的门架和配件，应具有产品质量合格证，应标志清晰，并应符合下列要求：

①门架与配件的表面应平直光滑，焊缝应饱满，不应有裂缝、开焊、焊缝错位、硬弯、凹痕、毛刺、锁柱弯曲等缺陷。

②门架与配件的表面应涂刷防锈漆或镀锌。

(3) 周转使用的门架与配件，应按《建筑施工门式钢管脚手架安全技术规范》(JGJ128—2010)中附录 A 的规定，经分类检查确认为 A 类后方可使用；B 类、C 类应经检验、维修达到 A 类后方可使用；不得使用 D 类的门架与配件。

(4) 在施工现场每使用一个安装拆除周期，应对门架、配件采用目测、尺量的方法检查一次。锈蚀深度检查时，应按《建筑施工门式钢管脚手架安全技术规范》(JGJ128—2010)中附录 A 第 A.4 节的规定抽取样品，在每个样品锈蚀严重的部位，宜采用测厚仪或横向截断取样检测，当锈蚀深度超过规定值时不得再使用。

(5) 加固杆、连接杆等所用钢管和扣件的质量，除应符合《建筑施工门式钢管脚手架安全技术规范》(JGJ128—2010)中的第 3.0.4 条、第 3.0.5 条和第 3.0.8 条的规定外，还应满足下列要求：

①必须具有产品质量合格证或质量检验报告。

②严禁使用有裂缝、变形的扣件，出现滑丝的扣件必须更换。

③脚手架的钢管杆件和扣件应涂防锈漆。

(6) 底座和托座应有产品质量合格证书，在使用前应对调节螺杆与门架立杆配合间隙进行检查。

(7) 连墙件、型钢悬挑梁、U 形钢筋拉环或锚固螺栓，应具有产品质量合格证或质量检验报告,在使用前应进行外观质量检查。

二、搭设的检查与验收

(1) 在正式搭设前,对门式钢管脚手架或模板支架的地基与基础应进行检查,经验收合格后才能进行搭设。

(2) 门式钢管脚手架搭设完毕或每搭设2个楼层高度,满堂脚手架、模板支架搭设完4步高度,应对搭设质量及安全进行一次检查,经验收合格后方可交付使用或继续搭设。

(3) 在门式钢管脚手架或模板支架搭设质量验收时,应具备下列文件:

①按照《建筑施工门式钢管脚手架安全技术规范》(JGJ 128—2010) 中的要求编制的专项施工方案。

②门式钢管脚手架所用构配件及材料质量检查记录。

③安全技术交底及搭设质量的检验记录。

④门式钢管脚手架或模板支架分项工程的施工验收报告。

(4) 门式钢管脚手架或模板支架分项工程的验收,除检查验收文件外,还应对搭设质量进行现场核验,在对搭设质量全数检查的基础上,对下列项目应进行重点检验,并应记入施工验收报告:

①构配件和加固件规格、数量、品种应符合设计要求,应质量合格、设置齐全、连接和挂扣件紧固可靠。

②基础应符合设计要求,应平整坚实,底座、支座应符合规定。

③门架的跨距、间距应符合设计要求,搭设方法应符合《建筑施工门式钢管脚手架安全技术规范》(JGJ 128—2010) 中的规定。

④连墙件的设置应符合设计要求,与建筑结构、架体的连接应牢固可靠。

⑤加固杆的设置应符合设计要求,同时也应符合《建筑施工

门式钢管脚手架安全技术规范》(JGJ 128—2010)中的规定。

⑥门式钢管脚手架的通道口、转角等部位搭设应符合构造要求。

⑦门式钢管脚手架架体的垂直度和水平度应符合要求。

⑧悬挑脚手架的悬挑支承结构及与建筑结构的连接固定,应符合设计要求和《建筑施工门式钢管脚手架安全技术规范》(JGJ 128—2010)中的规定。

⑨安全网的张挂及防护栏杆的设置应齐全、牢固。

(5)门式钢管脚手架与模板支架搭设的技术要求、允许偏差及检验方法,应符合表 3-3 中的规定。

表3-3 门式钢管脚手架与模板支架搭设的技术要求、允许偏差及检验方法

序号	项目		技术要求	允许偏差(mm)	检验方法
1	隐蔽工程	地基承载力	应符合《建筑施工门式钢管脚手架安全技术规范》中第 5.6.1 和第 5.6.3 条的规定	—	观察、施工记录检查
		预埋件	符合设计要求		
2	地基与基础	表面	坚实平整	—	观察
		排水	不积水		
		垫板	稳固		
		底座	不晃动		钢直尺检查
			无沉降	—	
			调节螺杆高度符合《建筑施工门式钢管脚手架安全技术规范》中的规定	≤200	
		纵向轴线位置	—	±20	尺量检查
		横向轴线位置	—	±10	

续表

序号	项目		技术要求	允许偏差（mm）	检验方法
3	架体构造		符合《建筑施工门式钢管脚手架安全技术规范》和专项施工方案的要求	—	观察、尺量检查
4	门架安装	门架立杆与底座轴线偏差	—	≤2.0	尺量检查
		上下榀门架立杆轴线偏差	—		
5	垂直度	每步架	—	$h/500$，±3.0	经纬仪或线坠、钢直尺检查
		整体	—	$h/500$，±50.0	
6	水平度	一跨距内两榀门架的高差	—	±5.0	水准仪、水平尺、钢直尺检查
		整体	—	±100	
7	连墙件	与架体、建筑结构连接	牢固	—	观察、扭矩测力扳手检查
		纵向和横向间距	—	±300	尺量检查
		与门架横杆间距	—	≤200	
8	剪刀撑	间距	按设计要求设置	±300	尺量检查
		与地面的倾角	45°～60°	—	角尺、尺量检查
9	水平加固杆		按设计要求设置	—	观察、尺量检查
10	脚手板		铺设严密、牢固	孔洞≤25	观察、尺量检查
11	悬挑支撑结构	型钢规格	符合设计要求	—	观察、尺量检查
		安装位置		±3.0	
12	施工层防护栏杆、挡脚板		按设计要求设置	—	观察、手扳检查
13	安全网		按规定设置	—	观察
14	扣件拧紧力矩		40～60N·m	—	扭矩测力扳手检查

（6）门式钢管脚手架与模板支架扣件拧紧力的检查验收，应符合现行行业标准《建筑施工扣件式钢管脚手架安全技术规范》（JGJ 130—2011）中的规定。

三、使用过程中的检查

（1）门式钢管脚手架与模板支架在使用过程中应进行日常检查，发现问题及时处理。检查时，下列项目必须进行检查：

①加固杆和连墙件应无松动，架体应无明显的变形。

②地基应无积水，垫板和底座应无松动，门架立杆应无悬空。

③锁臂、挂扣件、扣件螺栓应无松动。

④安全防护设施应当符合《建筑施工门式钢管脚手架安全技术规范》（JGJ 128—2010）中的有关规定。

⑤在使用过程中不得有任何超载情况。

（2）门式钢管脚手架与模板支架在使用过程中遇到下列情况时，应进行仔细检查，确认安全后方可使用：

①遇有 8 级以上大风或大雨过后。

②冻结的土基解冻后。

③停止使用超过 1 个月。

④架体遭受外力撞击等作用。

⑤部分架体拆除。

⑥其他特殊情况。

（3）满堂脚手架与模板支架在施加荷载或浇筑混凝土时，应设专人看护检查，发现异常情况应及时处理。

四、拆除前的检查工作

（1）门式钢管脚手架在拆除前，应检查架体构造、连墙件设置、节点连接，当发现连墙件、剪刀撑等加固杆件缺少、架体倾斜失稳或门架立杆悬空情况时，对架体应先行加固后再拆除。

（2）模板支架在拆除前，应检查架体各部位的连接构造、加固件的设置，应明确拆除顺序和拆除方法。

（3）在进行拆除作业前，对拆除作业场地及周围环境应进行检查，拆除作业区内应无障碍物，作业场地临近的输电线路等设施应采取可靠的保护措施。

第五节　门式钢管脚手架的安全管理

门式钢管脚手架在现代建筑施工过程中被广泛采用，其具有搭建速度快、成本低廉、可重复利用等优点。但脚手架作为施工的载体，不仅承受着钢筋混凝土及各种建筑材料和建筑设备等荷载，同时还是施工人员垂直交通的通道和作业平台，因此常常是施工人员伤亡事故的多发部位。

近年来，随着我国基础建设力度的加大，发生在脚手架上的安全事故呈上升趋势。所以找出其发生事故的影响因素，并对这些危险因素进行系统分析判断，找出最重要影响因素，以便对其采取必要措施，对实现建筑施工安全、降低事故发生概率有着十分重要的意义。根据现行行业标准《建筑施工门式钢管脚手架安全技术规范》（JGJ 128—2010）中的规定，在门式钢管脚手架的使用过程中应注意以下事项：

（1）搭拆门式钢管脚手架或模板支架应由专业架子工担任，并应按住房和城乡建设部特种作业人员考核管理规定考核合格，持证上岗。上岗人员应定期进行体检，凡不适合登高作业者，不得上脚手架操作。

（2）在搭拆架体时，施工作业层应铺设脚手板，操作人员应站在临时设置的脚手板上进行作业，并应按规定使用安全防护用品，作业中一定要穿防滑鞋。

（3）门式钢管脚手架与模板支架是根据工程中的实际施工荷载设计的，为确保施工安全，作业层上严禁超载。

（4）门式钢管脚手架在施工过程中，严禁将模板支架、缆风绳、混凝土泵管、卸料平台等固定在门式钢管脚手架上。

（5）六级及以上的大风天气应停止脚手架上作业；雨、雪、雾天应停止脚手架的搭拆作业；雨、雪、霜后上架作业应采取有效的防滑措施，并应及时扫除积雪。

（6）门式钢管脚手架与模板支架在使用期间，当预见可能有强风天气所产生的风压值超出设计的基本风压值时，对架体应采取临时加固措施。

（7）为确保脚手架的稳定性和施工安全，在门式钢管脚手架的使用期间，脚手架基础附近严禁进行挖掘作业。

（8）满堂脚手架与模板支架的交叉支撑和加固杆，在施工期间禁止拆除。

（9）门式钢管脚手架在使用期间，不得拆除加固杆、连墙件、转角处连接杆、通道口斜撑杆等加固杆件。

（10）当施工需要时，脚手架的交叉支撑可在门架一侧局部临时拆除，但在该门架单元上下应设置水平加固杆或挂扣式脚手板，在施工完成后应立即恢复安装交叉支撑。

（11）在建筑结构施工的过程中，应避免装卸物料对门式钢管脚手架或模板支架产生偏心、振动和冲击荷载。

（12）为保证施工过程中的安全，门式钢管脚手架外侧应当设置密目式安全网，网间应严密，防止坠物伤人。

（13）门式钢管脚手架与架空输电线路的安全距离、工地临时用电线路架设及脚手架接地、防雷措施，应按现行行业标准《施工现场临时用电安全技术规范》（JGJ 46）中的有关规定执行。

（14）在门式钢管脚手架或模板支架上进行电、气焊作业时，必须有可靠的防火措施和专人看护。

(15) 所有工程施工人员都必须按照规定的线路上下脚手架, 任何人都不得攀爬脚手架。

(16) 在搭拆门式钢管脚手架或模板支架作业时, 必须设置警戒线、警戒标志, 并应派专人看护, 严禁非作业人员入内。

(17) 对门式钢管脚手架与模板支架应按规定进行日常性的检查和维护, 架体上的建筑垃圾或杂物应及时清理。

第四章 扣件式钢管脚手架

扣件式钢管脚手架是我国目前土木建筑工程中应用最为广泛的脚手架，属于多立杆式的外脚手架的一种，具有杆配件数量少、装拆方便、易于操作、搭设灵活、坚固耐用、多次周转、搭设高度大等特点。

应用扣件式钢管脚手架在设计与施工中，要贯彻执行国家的技术经济政策，做到技术先进、经济合理、安全适用、确保质量。为了符合这一基本要求，扣件式钢管脚手架的设计计算和施工，必须符合现行行业标准《建筑施工扣件式钢管脚手架安全技术规范》(JGJ 130 —2011) 的规定。

第一节　扣件式钢管脚手架的基本组成

扣件式钢管脚手架，是在建筑、桥梁、水利等工程中应用最广泛、使用量最大的脚手架。其装拆方便、搭设灵活，能适应建筑物平面及高度的变化；承载力大、搭设高度高、坚固耐用、周转次数多；加工简单、维修容易、摊销费用低、比较经济。但是，有一次性投资比较大、扣件容易丢失和损坏、螺栓的紧固程度差异较大、节点在力作用线之间有偏心等缺点。

扣件式钢管脚手架，主要由钢管、扣件、底座、脚手板和安全网等组成，如图 4-1 所示。

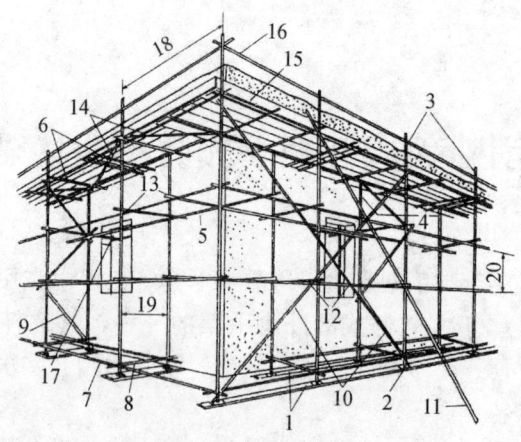

图 4-1 扣件式钢管脚手架的构造

1—垫板；2—底座；3—外立杆（柱）；4—内立杆（柱）；5—纵向水平杆；
6—横向水平杆；7—纵向扫地杆；8—横向扫地杆；9—横向斜撑；10—剪刀撑；
11—抛撑；12—旋转扣件；13—直角扣件；14—水平斜撑；15—挡脚板；
16—防护栏杆；17—连墙固定件；18—柱距；19—排距；20—步距

一、扣件式钢管脚手架的基本组成

(一) 钢管

1. 对脚手架钢管的要求

根据现行行业标准《建筑施工扣件式钢管脚手架安全技术规范》(JGJ 130—2011)中规定，扣件式钢管脚手架所用的钢管应符合下列规定：

(1) 脚手架钢管应采用现行国家标准《直缝电焊钢管》(GB/T 13793—2016) 或《低压流体输送用焊接钢管》《GB/T 3091—2015》中规定的 Q235 普通钢管；钢管的钢材质量应符合现行国家标准《碳素结构钢》(GB/T 700—2006) 中 Q235 级钢的规定。

(2) 脚手架钢管宜采用 $\phi 48.3mm \times 3.6mm$ 钢管，每根钢管

的最大质量不应超过 25.8kg。

2. 脚手架钢管的种类

根据钢管在脚手架中的位置和作用不同，钢管则可分为立杆、纵向水平杆、横向水平杆、连墙杆、剪刀撑、水平斜拉杆、纵向水平扫地杆和横向水平扫地杆等，它们各自的作用如下：

(1) 立杆。立杆是脚手架中的主要受力杆件，立杆平行于建筑物并垂直于地面，是一种把脚手架的全部荷载传递给基础的受力杆件。

(2) 纵向水平杆。纵向水平杆平行于建筑物并在纵向水平连接各根立杆，是承受并传递荷载给立杆的受力杆件。

(3) 横向水平杆。横向水平杆垂直于建筑物并在横向水平连接内外排立杆，也是承受并传递荷载给立杆的受力杆件。

(4) 连墙杆。连墙杆可以将脚手架与建筑物连接起来，是一种既要承受并传递荷载，又可防止脚手架横向失稳的杆件。

(5) 剪刀撑。剪刀撑设在脚手架外侧面并与墙面平行的十字交叉斜杆，主要可以增强脚手架的纵向刚度，防止脚手架产生纵向倾覆。

(6) 水平斜拉杆。水平斜拉杆是设在有连墙杆的脚手架内、外排立杆间的步架平面内的杆件，一般呈"之"字形布置，主要用于增强脚手架的横向刚度。

(7) 纵向水平扫地杆。纵向水平扫地杆连接在纵向立杆的下端，是距底座下皮 200mm 处的纵向水平杆，起着约束立杆底端在纵向发生位移的作用。

(8) 横向水平扫地杆。横向水平扫地杆连接在立杆的下端，是位于纵向水平扫地杆上方的横向水平杆，起着约束立杆底端在横向发生位移的作用。

(二) 扣件

扣件式钢管脚手架的扣件，是钢管与钢管之间的连接件，有直角扣件、旋转扣件和对接扣件三种基本形式，如图4-2所示。直角扣件用于两根钢管呈垂直交叉的连接，是依靠扣件与钢管表面间的摩擦力传递施工荷载、风荷载的受力配件；旋转扣件用于两根钢管呈任意角度的交叉连接，也可用于连接支撑斜杆与立柱或横向水平杆的连接；对接扣件用于两根钢管的对接连接，也是传递荷载的受力配件。

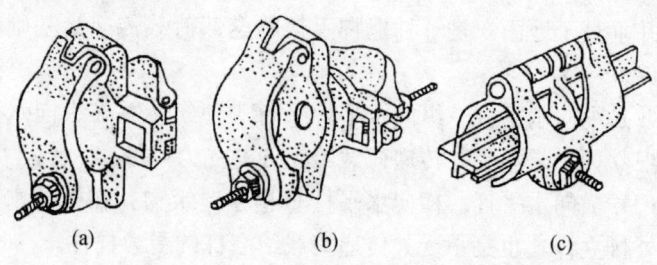

图4-2 扣件的基本形式
(a) 直角扣件；(b) 旋转扣件；(c) 对接扣件

根据现行行业标准《建筑施工扣件式钢管脚手架安全技术规范》（JGJ 130—2011）中的规定，扣件式钢管脚手架所用的扣件，应符合下列规定：

(1) 扣件应采用可锻铸铁或铸钢制作，其质量和性能应符合现行国家标准《钢管脚手架扣件》（GB 15831—2006）的规定。采用其他材料制作的扣件，应经试验证明其质量符合该标准规定后方可使用。

(2) 扣件在螺栓拧紧扭力矩达到65N·m时，不得发生破坏。

（三）脚手板

脚手板是提供施工操作条件并承受和传递纵横向杆件上荷载的板件，当设于非操作层时，还可以起到安全防护的作用。根据《建筑施工扣件式钢管脚手架安全技术规范》（JGJ 130—2011）中的规定，扣件式钢管脚手架所用的脚手板，应符合下列规定：

（1）脚手板一般用竹、木、钢等材料制成，单独一块脚手板的质量不宜大于 30kg。

（2）冲压钢板脚手板的材质应符合现行国家标准《碳素结构钢》（GB/T 700—2006）中 Q235 级钢的规定。

（3）木脚手板材质应符合现行国家标准《木结构设计规范》（GB 50005—2017）中 Ⅱa 级材质的规定。脚手板的厚度不应小于 50mm，两端各设置直径不小于 4mm 的镀锌钢丝箍两道。

（4）竹脚手架宜采用由毛竹或楠竹制成的竹串片板、竹笆板，竹串片脚手板应符合行业标准《建筑施工木脚手架安全技术规范》（JGJ 164—2008）的相关规定。

（四）可调托撑

根据现行行业标准《建筑施工扣件式钢管脚手架安全技术规范》（JGJ 130—2011）中的规定，扣件式钢管脚手架所用的可调托撑，应符合下列规定：

（1）脚手架所用可调整托撑螺杆的外径不得小于 36mm，直径与螺距应符合现行国家标准《梯形螺纹 第 2 部分：直径与螺距系列》（GB/T 5796.2—2005）和《梯形螺纹 第 3 部分：基本尺寸》（GB/T 5796.3—2005）的规定。

（2）可调整托撑螺杆与支托板焊接应牢固，焊缝高度不得小于 6mm；可调整托撑螺杆与螺母旋合长度不得少于 5 扣，螺母的厚度不得小于 30mm。

（3）可调整托撑抗压强度设计值不应小于 40kN，支托板厚度不应小于 5mm。

二、扣件式钢管脚手架的基本要求

为了使扣件式钢管脚手架能够安全可靠地承受和传递各种荷载作用，其组成应满足以下基本要求：

(1) 脚手架是立柱、纵向水平杆与横向水平杆共同组成的"空间框架结构",即在脚手架的中心节点处,必须同时设置立柱、纵向水平杆与横向水平杆。

(2) 扣件螺栓拧紧扭力矩应在 65N·m 以上,以保证"空间框架结构"的节点具有足够的刚性和传递荷载的能力。

(3) 在脚手架和建筑物之间,必须按照设计要求设置足够数量、分布均匀的连墙杆,以便在脚手架的侧向(垂直于建筑物墙面方向)提供约束,防止脚手架出现横向失稳或倾覆,并可靠地传递风荷载。

(4) 脚手架立柱的地基与基础必须坚实,应具有足够的承载能力,并防止产生不均匀的沉降或过大的沉降。

(5) 应设置一定数量的纵向支撑(剪刀撑)和横向支撑,以使脚手架具有足够的纵向和横向整体刚度。

第二节 扣件式钢管脚手架的构造

扣件式钢管脚手架可用于搭设外脚手架、里脚手架、满堂脚手架、支撑架和其他用途的架子,最典型的是外脚手架。根据现行行业标准《建筑施工扣件式钢管脚手架安全技术规范》(JGJ 130—2011) 中的规定,扣件式钢管外脚手架的构造要求应符合下列要求。

一、常用单排、双排脚手架设计尺寸

常用密目式安全网全封闭单排、双排脚手架结构的设计尺寸,可按表 4-1 和表 4-2 中的数值采用。

第四章 扣件式钢管脚手架

表 4-1 常用密目式安全立网全封闭双排脚手架结构的设计尺寸 (m)

连墙杆的设置	立杆横距 (l_b)	脚手架的步距 (m)	下列荷载时的立杆纵距 l_a (m)				脚手架允许搭设高度 [H]
			2+0.35 (kN/m²)	2+2+2×0.35 (kN/m²)	3+0.35 (kN/m²)	3+2+2×0.35 (kN/m²)	
二步三跨	1.05	1.50	2.0	1.5	1.5	1.5	50
		1.80	1.8	1.5	1.5	1.5	32
	1.30	1.50	1.8	1.5	1.5	1.5	50
		1.80	1.8	1.2	1.5	1.2	30
	1.55	1.50	1.8	1.5	1.5	1.5	38
		1.80	1.8	1.2	1.5	1.2	22
三步三跨	1.05	1.50	2.0	1.5	1.5	1.5	43
		1.80	1.8	1.2	1.5	1.2	24
	1.30	1.50	1.8	1.5	1.5	1.5	30
		1.80	1.8	1.2	1.5	1.2	17

注：1. 表中所示 2+2+2×0.35 (kN/m²)，包括下列荷载：2+2 (kN/m²) 为二层装修作业层施工荷载标准值；2×0.35 (kN/m²) 为二层作业层的脚手板自重荷载标准值。
2. 作业层横向水平杆间距，应不大于 $l_a/2$ 设置。
3. 地面粗糙度为 B 类，基本风压 $W_0=0.4 kN/m^2$。

表 4-2 常用密目式安全立网全封闭单排脚手架结构的设计尺寸 (m)

连墙杆的设置	立杆横距 (l_b)	脚手架的步距 (m)	下列荷载时的立杆纵距 l_a (m)		脚手架允许搭设高度 [H]
			2+0.35 (kN/m²)	3+0.35 (kN/m²)	
二步三跨	1.20	1.50	2.0	1.8	24
		1.80	1.5	1.2	24
	1.40	1.50	1.8	1.5	24
		1.80	1.5	1.2	24
三步三跨	1.20	1.50	2.0	1.8	24
		1.80	1.2	1.2	24
	1.40	1.50	1.8	1.5	24
		1.80	1.2	1.2	24

注：同表 4-1。

单排脚手架搭设高度不应超过24m；双排脚手架搭设高度不应超过50m，高度超过50m的双排脚手架，应采取分段搭设等措施。

二、脚手架纵向水平杆、横向水平杆、脚手板

(1) 脚手架的纵向水平杆构造应符合下列规定：

①纵向水平杆应设置在立杆的内侧，单根杆的长度不应小于3跨。

②纵向水平杆的接长应采取对接扣件连接或搭接，并应符合下列规定：

a. 两根相邻纵向水平杆的接头不应设置在同跨或同步内，不同步或不同跨2个相邻接头在水平方向错开的距离不应小于500mm；各接头中心至最近节点的距离不应大于纵距的1/3。如图4-3所示。

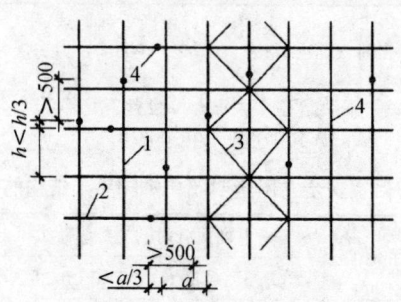

图4-3 立杆纵向水平杆的接头位置
1—立杆；2—纵向水平杆；3—剪刀撑；4—接头

b. 搭接长度不应小于1m，应等间距设置3个旋转扣件固定；端部扣件盖板边缘至搭接纵向水平杆杆端的距离不应小于100mm。

③当使用冲压钢脚手板、木脚手板、竹串片脚手板时，纵向水平杆应作为横向水平杆的支座，用直角扣件固定在立杆上；当

使用竹芭脚手板时，纵向水平杆应采用直角扣件固定在横向水平杆上，并应等间距设置，间距不应大于400mm。

（2）横向水平杆的构造应符合下列规定：

①作业层上非主节点处的横向水平杆，应根据支承脚手板的需要等间距设置，最大间距不应大于纵距的1/2。

②当使用冲压钢脚手板、木脚手板、竹串片脚手板时，双排脚手架的横向水平杆两端均应采用直角扣件固定在纵向水平杆上；单排脚手架的横向水平杆一端均应采用直角扣件固定在纵向水平杆上，另一端应插入墙内，插入的长度不应小于180mm。

③当使用竹芭脚手板时，双排脚手架的横向水平杆两端，应采用直角扣件固定在立杆上；单排脚手架的横向水平杆一端，应采用直角扣件固定在立杆上，另一端应插入墙内，插入的长度不应小于180mm。

（3）主节点处必须设置一根横向水平杆，用直角扣件扣接且严禁拆除。

（4）脚手板的设置应符合下列规定：

①作业层的脚手板应铺满、铺稳、铺实。

②冲压钢脚手板、木脚手板、竹串片脚手板等，应设置在三根横向水平杆上。当脚手板的长度小于2m时，可采用两根横向水平杆支承。但应将脚手板两端与横向水平杆可靠固定，严防倾覆。脚手板的铺设应采用对接平铺或搭接铺设。

③脚手板对接平铺时，接头处应设置两根横向水平杆，脚手板外伸长度应取130～150mm，两块脚手板外伸长度的和不应大于300mm；脚手板搭接铺设时，接头应在横向水平杆上。搭接长度不应小于200mm，其伸出横向水平杆的长度不应小于100mm。脚手板对接与搭接如图4-4所示。

（5）竹芭脚手板应按其主筋垂直于纵向水平杆方向铺设，并且应对接铺设，板的四个角用直径不小于1.2mm的镀锌钢丝固定在纵向水平杆上。

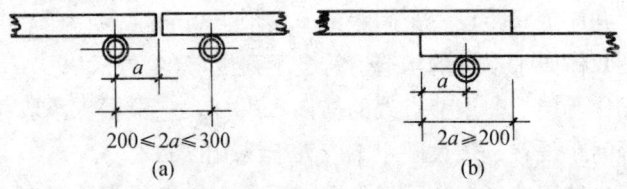

图 4-4 脚手板对接与搭接示意图
(a) 脚手板对接；(b) 脚手板搭接

(6) 作业层端部脚手板探头长度应取 150mm，其板的两端应固定在支承杆件上。

三、脚手架的立杆

(1) 每根立杆的底部应设置底座或垫板。

(2) 脚手架必须设置纵向和横向扫地杆。纵向扫地杆应采用直角扣件固定在距钢管底端不大于 200mm 处的立杆上。横向扫地杆应采用直角扣件固定在紧靠纵向扫地杆下方的立杆上。

(3) 脚手架的立杆基础不在同一高度上时，必须将高处的纵向扫地杆，向低处延长 2 跨与立杆固定，高低差也不应大于 1m。靠边坡上方的立杆轴线到边坡的距离不应小于 500mm。

(4) 单排和双排脚手架的底层步距不应大于 2m。

(5) 单排和双排脚手架与满堂脚手架立杆接长除顶层、顶步外，其余各层各步接头必须采用对接扣件连接。

(6) 脚手板立杆的对接和搭接应符合下列要求：

①当立杆采用对接接长时，立杆的对接扣件应交错布置，两根相邻立杆的接头不应设置在同步内，同步内隔一根立杆的两个相隔接头，在高度方向错开的距离不宜小于 500mm，各接头中心至主节点的距离不宜大于步距的 1/3。

②当立杆采用搭接接长时，搭接长度不应小于 1m，并应采

用不少于 2 个旋转扣件固定。端部扣件盖板的边缘至杆端距离不应小于 100mm。

(7) 脚手架立杆顶端栏杆宜高出女儿墙上端 1m，宜高出檐口上端 1.5m。

四、脚手架的连墙杆

(1) 脚手架的连墙杆设置的位置、数量应按专项施工方案确定。

(2) 脚手架连墙杆数量的设置，应满足《建筑施工扣件式钢管脚手架安全技术规范》（JGJ 130—2011）中的要求，还应符合表 4-3 的规定。

表 4-3 连墙杆布置最大间距

搭设方法	高度（m）	竖向间距	水平间距	每根连墙杆覆盖面积
双排落地	≤50	$3h$	$3l_a$	≤40m^2
双排悬挑	≤50	$2h$	$3l_a$	≤27m^2
单排	≤24	$3h$	$3l_a$	≤40m^2

注：h—步距；l_a—纵距。

(3) 连墙件的布置应符合下列规定：

①应靠近主节点设置，偏离主节点的距离不应大于 300mm。

②应从底层第一步纵向水平杆处开始设置，当该处设置确实有困难时，应采取其他可靠措施固定。

③应优先采用菱形布置，或者采用方形、矩形布置。

④一字形、开口形脚手架的两端必须设置连墙杆，连墙杆的垂直间距不应大于建筑物的层高，并不应大于 4m（2 步）。

(4) 开口型脚手架的两端必须设置连墙件，连墙件的垂直间距不应大于建筑物的层高，并且不应大于 4m。

(5) 连墙件中的连墙杆应呈水平设置，当不能水平设置时，应向脚手架一端下斜连接,不应采用上斜连接。

(6)连墙件必须采用可承受拉力和压力的构造。对高度24m以上的双排脚手架,应采取刚性连墙件与建筑物连接。

(7)当脚手架下部暂不能设连墙件时,应采取防倾覆措施。当搭设抛撑时,抛撑应采用通长杆件,并用旋转扣件固定在脚手架上,与地面的倾角应在45°~60°之间;连接点中心至主节点的距离不应大于300mm。抛撑应在连墙杆搭设后再拆除。

(8)脚手架高度超过40m且有风涡流作用时,应采取抗上升翻流的连墙措施。

五、脚手架的剪刀撑与横向斜撑

(1)双排脚手架应设置剪刀撑与横向斜撑,单排脚手架应设置剪刀撑。

(2)单排和双排脚手架剪刀撑的设置应符合下列规定:

①每道剪刀撑跨越立杆的根数应符合表4-4中的规定,每道剪刀撑宽度不应小于4跨,且不应小于6m,斜杆与地面夹角应在45°~60°之间。

表4-4 剪刀撑跨越立杆的最多根数

剪刀撑斜杆与地面的倾角	45°	50°	60°
剪刀撑跨越立杆的最多根数	7	6	5

②剪刀撑斜杆的接长,应采取搭接或对接,搭接应符合"脚手架的立杆"中的规定。

③剪刀撑斜杆应用旋转扣件固定在与之相交的横向水平杆的伸出端或立杆上,旋转扣件的中心线到主节点的距离不应大于150mm。

(3)高度在24m及以上的双排脚手架应在外侧全立面连续设置剪刀撑。

高度在24m以下的单排和双排脚手架，必须在外侧两端、转角及中间间隔不超过15m的立面上，各设置一道剪刀撑，并由底至顶部连续设置。剪刀撑的布置示意如图4-5所示。

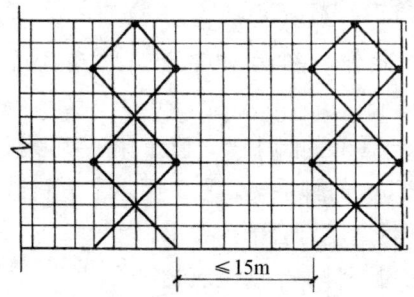

图 4-5　剪刀撑的布置示意

（4）双排脚手架横向斜撑的设置应符合下列规定：

①横向斜撑应在同一节间，由底至顶层呈之字形连续布置，斜撑的固定应符合《建筑施工扣件式钢管脚手架安全技术规范》（JGJ 130—2011）中第6.5.2条第2款的要求。

②高度在24m以下的封闭型双排脚手架可不设置横向斜撑，高度在24m以上的封闭型脚手架，除拐角应设置横向斜撑外，中间应每隔6跨距设置一道。

（5）开口型双排脚手架的两端必须设置横向斜撑。

六、脚手架的扣件

（1）脚手架所用扣件规格应与钢管的外径相同。

（2）扣件螺栓拧紧扭力矩不应小于40N·m，且不应大于65N·m。扣件螺栓拧得太紧或拧过头，脚手架承受荷载后，容易发生扣件崩裂或滑丝，发生安全事故。扣件螺栓拧得太松，脚手架承受荷载后，扣件容易滑落，也会发生安全事故。

（3）在主节点处固定小横杆、大横杆、剪刀撑、横向斜撑等的直角扣件、旋转扣件的中心点的相互距离不应大于150mm。

(4) 各杆件端头伸出扣件盖板边缘的长度小应小于 100mm。

(5) 对接扣件开口应朝上或朝内。

七、脚手架的斜道

(1) 人行并兼作材料运输斜道的形式宜按以下要求进行确定：

①高度不大于 6m 的脚手架，宜采用一字形斜道。

②高度大于 6m 的脚手架，宜采用之字形斜道。

(2) 斜道的构造应符合下列要求：

①斜道应附着外脚手架或建筑物进行设置。

②运料斜道的宽度应大于 1.5m，坡度不应大于 1∶6；人行斜道的宽度不应小于 1.0m，坡度不应大于 1∶3。

③拐弯处应设置平台，其宽度不应小于斜道的宽度。

④斜道两侧及平台外围均应设置栏杆和挡脚板。栏杆的高度应为 1.2m，挡脚板的高度不应小于 180mm。

⑤运料斜道两侧、平台外围和端部，均应按《建筑施工扣件式钢管脚手架安全技术规范》（JGJ 130—2011）中第 6.4.1 条～第 6.4.6 条的规定设置连墙杆；每 2 步应加设水平斜杆；应按《建筑施工扣件式钢管脚手架安全技术规范》（JGJ 130—2011）中第 6.6.2 条～第 6.6.5 条的规定设置剪刀撑和横向斜撑。

(3) 斜道脚手板构造应符合下列规定：

①脚手板横铺时，应在横向水平杆下增设纵向支托杆，纵向支托杆间距不应大于 500mm。

②脚手板顺铺时，接头应采用搭接，下面的板头应压住上面的压头，板头的凸棱处应采用三角木填顺。

③人行斜道和运料斜道的脚手板上，应每隔 250～300mm 设置一道防滑木条，木条厚度应为 20～30mm。

八、满堂脚手架的构造

(1) 常用敞开式满堂脚手架结构的设计尺寸,可按表 4-5 中的数值采用。

表 4-5 常用敞开式满堂脚手架结构的设计尺寸

序号	步距 (m)	立杆间距 (m)	支架高宽比 不大于	下列施工荷载时最大允许高度 (m)	
				$2kN/m^2$	$3kN/m^2$
1	1.7~1.8	1.2×1.2	2	17	9
2		1.0×1.0	2	30	24
3		0.9×0.9	2	36	36
4	1.5	1.3×1.3	2	18	9
5		1.2×1.2	2	23	16
6		1.0×1.0	2	36	31
7		0.9×0.9	2	36	36
8	1.2	1.3×1.3	2	20	13
9		1.2×1.2	2	24	19
10		1.0×1.0	2	36	32
11		0.9×0.9	2	36	36
12	0.9	1.0×1.0	2	36	33
13		0.9×0.9	2	36	36

注:1. 最少的跨数应符合《建筑施工扣件式钢管脚手架安全技术规范》(JGJ 130—2011) 中附录 C 表 C-1 的规定;
2. 脚手板的自重标准取值 $0.35kN/m^2$;
3. 地面粗糙度为 B 类,基本风压 $W_0=0.35kN/m^2$;
4. 立杆间距不小于 1.2m,施工荷载标准值不小于 $3kN/m^2$ 时,立杆上应增设防滑扣件,防滑扣件应安装牢固,并且顶紧立杆与水平杆连接扣件。

(2) 满堂脚手架的搭设高度不宜超过 36m,满堂脚手架的施工层不得超过 1 层。

(3) 满堂脚手架立杆的构造应符合《建筑施工扣件式钢管脚手架安全技术规范》(JGJ 130—2011) 中第 6.3.1 条~第 6.3.3

条的规定。立杆接长的接头必须采用对接扣件连接。立杆对接扣件布置应符合《建筑施工扣件式钢管脚手架安全技术规范》(JGJ 130—2011) 中第 6.3.6 第一款的规定。水平杆的连接应符合《建筑施工扣件式钢管脚手架安全技术规范》(JGJ 130—2011) 中第 6.2.1 条第二款的有关规定。水平杆的长度不宜小于 3 跨。

(4) 满堂脚手架应在架体外侧四周及内部纵、横向每隔 6~8m，由底至顶部设置连续竖向剪刀撑。当架体高度在 8m 以下时，应在架体顶部设置连续水平剪刀撑；当架体高度在 8m 及以上时，应在架体底部、顶部及竖向间隔不超过 8m 分别设置连续水平剪刀撑。水平剪刀撑宜在竖向剪刀撑斜杆相交处平面设置。剪刀撑宽度应为 6~8m。

(5) 剪刀撑应用旋转扣件固定在与之相交的水平杆或立杆上，旋转扣件中心线至主节点的距离不宜大于 150mm。

(6) 满堂脚手架的高宽比不宜大于 3，当高宽比大于 2 时，应在架体的外侧四周和内部水平间隔 6~9m，竖向间隔 4~6m 设置连墙件与建筑结构拉结，当无法设置连墙件时，应采取设置钢丝绳张拉固定等措施。

(7) 最少跨数为 2、3 跨的满堂脚手架，宜按《建筑施工扣件式钢管脚手架安全技术规范》(JGJ 130—2011) 第 6.4 节的规定设置连墙杆。

(8) 当满堂脚手架局部承受集中荷载时，应按实际荷载计算并应局部加固。

(9) 满堂脚手架应设置爬梯，爬梯踏步间隔不得大于 300mm。

(10) 满堂脚手架操作层支撑脚手板的水平杆间距不应大于 1/2 跨距，脚手板的铺设应符合《建筑施工扣件式钢管脚手架安全技术规范》(JGJ 130—2011) 第 6.2.4 条的规定。

第三节 扣件式钢管脚手架的搭设与拆除

一、扣件式钢管脚手架搭设

(一) 搭设前的准备工作

(1) 脚手架搭设应有施工专项要求。根据施工建筑物的结构和施工现场的状况,在施工组织设计中,对脚手架施工提出专项要求和安全技术措施。对于达到一定规模或危险性较大的脚手架工程,应进行设计计算并编制脚手架专项施工方案,按规定审批后执行。

(2) 不同的建筑工程采用不同的脚手架,它们具有不同的结构和具体要求,因此,单位工程负责人应按施工组织设计中有关脚手架的要求,向脚手架的架设和使用人员进行安全技术交底。安全技术交底的主要内容应包括:

①工程概况:待建工程的面积、层数、层高、建筑物总高度、建筑结构类型等。

②选用的脚手架类型、形式,脚手架的搭设高度、步距、宽度、跨距及连墙件的布置要求等。

③明确脚手架的搭设质量标准及安全技术措施。

④根据工程综合进度计划,介绍脚手架施工方法和具体安排、工序的搭接、工程的配合等情况。

⑤脚手架对地基的要求、地基处理情况。

(3) 为确保搭设脚手架的质量,在正式搭设前应按规范规定和施工组织设计的要求,对所用钢管、扣件、脚手板等进行检查验收,不合格产品不得用于工程。

(4) 经检验合格的脚手架构配件,应按品种、规格进行分类,并做到堆放整齐、平稳、使用方便,堆放场地不得高低不平,不得有积水,最好堆放在仓库和料棚内。

(5) 应对搭设脚手架的施工现场进行认真准备,如平整搭设场地、清理场地杂物、检测搭设处地基的压实度、开挖排水沟等。

(6) 当脚手架基础下有设备基础、管沟时,在脚手架搭设前最好将其埋设完成,在脚手架使用过程中不得进行开挖,否则必须采取加固措施。

(二) 地基与基础的处理

脚手架的自重及其上面的施工荷载均由脚手架基础传至地基。为使脚手架保持稳定,不产生过大的下沉,保证其牢固和安全,必须对其基础进行处理,使其有一个牢固可靠的脚手架基础。

(1) 脚手架地基与基础的施工,必须根据脚手架的搭设高度、搭设场地土质情况与现行国家标准《建筑地基工程施工质量验收规范》(GB 50202—2018) 中的有关规定进行。

(2) 压实填土地基应符合现行国家标准《建筑地基基础设计规范》(GB 50007—2011) 中的有关规定。

(3) 为防止施工场地地表水经常浸泡脚手架,脚手架底座的底面标高宜高于自然地坪 150~200mm。

(4) 当脚手架的搭设高度超过 50m 时,必须根据工程表面地质情况,进行脚手架基础的具体设计。

(5) 严禁将脚手架架设在深基础外侧的填土层上,当不可避免时应当进行加固处理。

(6) 在脚手架的外侧应当设置排水沟,以防止雨季积水浸泡地基,使脚手架产生不均匀下沉,从而引起脚手架的倾斜变形。

(7) 架设脚手架的基础必须经有关人员验收,合格后按施工组织设计的要求放线定位。

(8) 脚手架的基础经验收合格后，应按施工组织设计或专项方案的要求进行放线定位。

（三）脚手架的搭设要点

（1）杆件搭设的顺序：放置纵向水平扫地杆→逐根树立起立杆（随即与扫地杆扣紧）→安装横向扫地杆（随即与立杆或纵向水平扫地杆扣紧）→安装第1步纵向水平杆（随即与各立杆扣紧）→安装第1步横向水平杆→安装第2步纵向水平杆→安装第2步横向水平杆→加设临时斜撑杆（上端与第2步纵向水平杆扣紧，在装设两道连墙杆后可将其拆除）→安装第3、4步纵横向水平杆→安装连墙杆、接长立杆→加设剪刀撑→铺设脚手板→挂安全网……

（2）脚手架的搭设必须根据建筑物的施工进度进行，一次搭设高度不应超过相邻连墙杆以上2步。

（3）为确保脚手架的搭设质量和施工安全，每搭设完一步脚手架后，应按施工规范校正步距、纵距、横距及立杆垂直度，完全合格后才能进行下一步搭设。

（4）底座、垫板均应准确地放在定位线上；垫板应当采用长度不少于2跨、厚度不小于50mm的木垫板，也可采用适宜的槽钢。

（5）在立杆搭设中严禁将外径48mm与51mm的钢管混合使用；在开始搭设立杆时，应每隔6跨设置一根抛撑，直至连墙杆安装稳定后，才能根据实际情况拆除。

（6）当搭设至有连墙杆的构造点时，在搭设完该处的立杆、纵向水平杆和横向水平杆后，应立即设置连墙杆；连墙杆的数量、位置要正确，连接要牢固、无松动现象。拧紧扣件后，连墙杆不得过松或过紧。

（7）纵向水平杆搭设在封闭型脚手架的同一步中，纵向水平杆应当四周交圈，并用直角扣件与水平杆进行固定。

(8) 单排脚手架的横向水平杆的设置应符合规范要求，不应设置在下列部位：设计上不允许留脚手眼的部位；过梁上与过梁两端呈 60°角的三角形范围内及过梁净跨度 1/2 的高度范围内；宽度小于 1m 的窗间墙；梁或梁垫下及其两侧各 500mm 的范围内；砖砌体的门窗洞口两侧 200mm 和转角处 450mm 的范围内，其他砌体的门窗洞口两侧 300mm 和转角处 600mm 的范围内；独立或附墙的砖柱。

(9) 剪刀撑、横向斜撑应当随着立杆、纵向水平杆和横向水平杆等同步搭设，各底层斜杆的下端均必须支承在垫块或垫板上。

(10) 在搭设脚手架时，所用的扣件规格必须与钢管外径（48mm 或 51mm）相同，螺栓必须确实拧紧。不得使用规格不相符的扣件连接杆件。

(11) 在主节点处固定横向水平杆、纵向水平杆、剪刀撑、横向斜撑等用的直角扣件、旋转扣件的中心点的相互距离不应大于 150mm，对接扣件的开口应朝上或朝内。

(12) 为确保杆件连接可靠牢固，各杆件端头伸出扣件盖板边缘的长度不应小于 100mm。

二、扣件式钢管脚手架的拆除

(一) 脚手架拆除工作的特点

(1) 时间紧，任务重。脚手架拆除工作一般在工程完成后进行，与脚手架搭设不同，拆除工作往往要求在很短的时间内完成。如建筑物外墙施工用的脚手架，架体随建筑结构逐层施工而逐层进行搭设，整个脚手架可能需要几个月甚至更长的时间，才能搭设完毕。而在脚手架拆除时，整个工程基本结束，可能要求脚手架在几天内完成，这就要求脚手架拆除工作必须做到井井有条、安全有序。

（2）拆除工作难度大。脚手架拆除工作的难度大，主要表现在以下几个方面：

①脚手架的拆除多数为高处作业，如果施工组织不符合安全要求，人员、物体坠落的可能性比较大。

②大型建筑的外墙脚手架在搭设过程中，常利用塔式起重机等起重运输机械运送架体材料。当拆除架体时，这些起重运输机械一般均已拆除退场，拆下来的各种架体材料只能通过人工运送至地面，操作人员的劳动强度与危险性均较大。

③在拆除架体时，建筑物外墙的装饰工程已基本完成，不允许有任何的碰撞、损坏，这样就减小了架体拆除的操作空间，提高了对操作技术的要求。

④因建筑物外墙装饰已完成，直接影响架体连墙件的安装数量和质量，也影响到架体的整体稳定性，给架体拆除工作提出了更高的要求。

（二）脚手架拆除的施工准备

工程实践证明，扣件式钢管脚手架拆除作业的危险性往往大于搭设作业，为确保架体拆除顺利和安全，在拆除工作正式开始前，必须充分做好以下准备工作：

（1）明确任务。当工程施工完成后，必须经该工程项目负责人检查并确认不再需要脚手架后，下达脚手架正式拆除通知，方可拆除。

（2）全面检查。检查脚手架的扣件连接、连墙件和支撑体系是否符合扣件式钢管脚手架构造及搭设方案的要求。

（3）制订方案。根据施工组织设计和全面检查结果，编制脚手架拆除方案，对人员组织、拆除步骤、安全技术措施提出详细要求。脚手架拆除方案必须经施工单位安全技术主管部门审批后方可实施。拆除方案审批后，由施工单位技术负责人对具体操作人员进行拆除工作的安全技术交底。

(4) 清理现场。在脚手架拆除工作开始前,应认真清理架体上堆放的材料、工具和杂物,清理拆除现场周围的障碍物。

(5) 人员组织。在脚手架拆除的过程中,施工单位应组织足够的操作人员参加架体的拆除工作,一般拆除扣件式钢管脚手架至少需要 8~10 人配合操作。如果是大范围的脚手架拆除,可以将操作人员分成若干小组,分块、分段进行拆除。

(三) 脚手架拆除施工的要点

(1) 脚手架拆除应按编制的专项方案施工,拆除前应做好以下准备工作:

①应全面检查脚手架的扣件连接、连墙件、支撑体系等是否符合构造要求。

②应根据检查结果补充完善脚手架专项方案中的拆除顺序和措施,经审批后方可实施。

③拆除前应由技术人员向施工人员进行交底,说明拆除中的注意事项和操作要点。

④在脚手架拆除前应清除脚手架上的杂物及地面上的障碍物。

(2) 单、双排脚手架拆除作业必须由上而下逐层进行,严禁上下层同时进行作业;连墙件必须随着脚手架逐层拆除,严禁先将连墙件整层或数层拆除后再拆脚手架;分段拆除高差大于 2 步时,应增设连墙杆加固。

(3) 当脚手架拆至下部最后 1 根长立杆的高度(约 6.5m)时,应先在适当位置搭设临时抛撑加固后,再拆除连墙件。当单、双排脚手架采取分段、分立面拆除时,对不拆除的脚手架两端,应先按《建筑施工扣件式钢管脚手架安全技术规范》(JGJ 130—2011)第 6.4.4 条、第 6.6.4 条、第 6.6.5 条的有关规定设置连墙件和横向斜撑加固。

(4) 脚手架拆除时应划出工作区标志和设置围栏,并派专人负责警戒，严禁行人进入施工现场。拆除作业必须由上而下逐层进行，严禁上下层同时作业。

（5）在脚手架拆除时，应当加强领导、统一指挥、上下呼应、动作协调，当解开与另一个人安全有关的结扣时，应当预先告知对方，防止出现坠落伤人事故。

（6）脚手架拆下的各种杆件和配件，必须配吊具将它们送至地面，严禁抛至地面。

（7）运至地面的各种构配件，应当立即运送到规定地点，及时进行检查、整修与保养，并按品种、规格进行码堆存放。

第四节　扣件式钢管脚手架的安全技术

一、搭设安全技术

（一）人员要求

（1）扣件式钢管脚手架搭设人员，必须是按现行国家标准的要求，经过考核合格的专业架子工。搭设人员所持有的专业上岗证应由当地劳动部门按规定审核，该上岗证应在有效期内使用。非专业架子工或无上岗证架子工不得从事搭设脚手架作业。

（2）脚手架搭设的上岗人员应定期进行体检，体检合格者方可持证上岗。

（3）在脚手架的搭设过程中，搭设人员必须穿工作服，戴好安全帽，系好安全带，穿软底防滑鞋。

（4）脚手架的搭设人员在作业中，应集中精力，听从指挥，严格按脚手架操作规程和搭设方案的要求完成架体搭设，坚决杜绝随意搭设。

（5）脚手架的搭设人员每人应配备1把钢卷尺，并为脚手架班组配备经纬仪和水平尺,以便随时测量脚手架的几何尺寸和搭设质量。

(二) 搭设要求

(1) 在脚手架正式搭设前,有关人员必须按规定对脚手架的构配件进行检验,合格后方可使用。

(2) 脚手架必须配合建筑结构的施工进度搭设,建筑外墙施工用的扣件式钢管脚手架,一次搭设高度不应超过相邻连墙件以上2步。

(3) 严禁外径为48mm的钢管与外径为51mm的钢管混合使用,以防扣件连接后节点连接强度达不到规定要求。

(4) 脚手架扣件的安装应符合下列要求:

①所采用的脚手架扣件规格必须与钢管的外径相同。

②扣件的拧紧力矩不小于40N·m,且不应大于65N·m。扣件螺栓拧得过紧或过松,均可能会有脚手架安全事故隐患。

③在进行水平杆连接时,对接扣件的开口应朝侧面,螺栓朝上,防止雨水进入钢管,使钢管锈蚀。

④连接纵向(或横向)水平杆与立杆的直角扣件,其开口应朝上,防止扣件螺栓损坏时水平杆脱落。

⑤各杆件端头伸出扣件盖板边缘的长度应不小于100mm。

⑥每搭设完1步脚手架后,应校正步距、纵距、横距及立杆的垂直度,符合要求时才能继续向上搭设。

⑦对于外墙施工用的脚手架,每搭设完1步,应及时铺设脚手板;搭设普通支撑脚手架时,应给每个上架操作人员配备长度合适、质量较轻、强度良好的脚手板,随身携带,使操作人员在搭设架体的过程中能站在脚手板上操作,以提高作业的安全性。

(5) 在搭设至有连墙件的构造点时,搭设完该处立杆、纵向水平杆和横向水平杆后,应立即设置连墙件,将架体固定牢固后方可继续搭设。

（6）临街搭设扣件式钢管脚手架时，其外侧应有可靠的防止坠物伤人的防护措施。

（7）在搭设脚手架的全过程中，地面应设置围栏和警戒标志，并派专人看守，严禁非操作人员入内。

（8）当有六级及六级以上大风和雾、雨、雪天气时，应立即停止脚手架搭设与拆除作业。雨、雪后上架作业首先应扫除积雪，并采取可靠的防滑措施。

二、使用安全技术

（1）脚手架作业层上的施工荷载应符合设计要求，不得出现超载现象。不得在脚手架上集中堆放模板、钢筋等物件，不得将模板支架、缆风绳、输送混凝土的泵和砂浆的输送管等固定在脚手架上，架体上严禁悬挂起重设备。

（2）在扣件式钢管脚手架使用期间，严禁拆除主节点处的纵、横向水平杆及纵、横向扫地杆、连墙件、支撑杆件、栏杆及挡脚板。

（3）在扣件式钢管脚手架使用期间，不得在脚手架基础及其附近进行挖掘作业，否则应采取安全措施，并报主管部门批准。

（4）在扣件式钢管脚手架上进行电、气焊作业时，必须有可靠的防火措施和派专人看守，防止焊渣引燃架体上的易燃物造成火灾事故。

（5）脚手架与架空输电线路的安全距离、工地临时用电线路的架设及脚手架接地、避雷措施等，应按《施工现场临时用电安全技术规范》（JGJ 46—2005）的有关规定执行。

（6）在扣件式钢管脚手架使用期间，应做好脚手架的防火工作，作业楼层的架体上应适量配备灭火器材。在架体显著位置应设置灭火器的分布位置图及安全通道位置图，以便在需要时操作人员能够快速找到并使用。

三、拆除安全技术

（1）扣件式钢管脚手架的拆除人员，必须是经专门培训合格的专业架子工并持证上岗。

（2）脚手架的拆除人员在作业过程中，必须穿工作服、戴安全帽、系安全带、穿软底防滑鞋。

（3）脚手架的拆除现场应设围栏和警戒标志，并派专人看守，严禁非操作人员入内。操作人员在警戒区内运送拆卸下的构配件时，应暂停拆除脚手架作业，待警戒区内无任何人走动时，才能继续进行拆除作业。

（4）如果脚手架的附近有外电线路，应当采取必要的隔离措施，严防拆卸下来的杆件接触电线。

（5）在脚手架的拆除过程中，一般不得中途换人。如确需换人时，应将拆除情况交代清楚后方可离开。

第五章　其他常用的脚手架

悬挑式脚手架是一种利用悬挑在建筑物上支承结构搭设的脚手架，架体的荷载通过悬挑支承结构传递到主体结构上。悬挑支承结构作为悬挑式脚手架的关键部分，必须具有一定的强度。悬挑式脚手架是我国在"九五"期间推广的建筑业十大新技术之一。多年来，由于具有一次投入少、适用范围广、不受层高和场地限制、有利于现场文明施工管理等特点，在高层建筑施工中应用日益广泛。

悬吊式脚手架也称为吊篮，也是建筑工程施工中常用的一种简易脚手架，主要用于建筑外墙施工和装修。这种脚手架是将架子（吊篮）的悬挂点固定在建筑物顶部悬挑出来的结构上，通过设在每个架子上的简易提升机械和钢丝绳，使架子上升或下降，以满足施工要求。它与外墙面满搭脚手架相比，不仅可节约大量钢管材料、节省劳力、缩短工期、操作方便灵活，而且还可以取得良好的技术及经济效益。

第一节　悬挑式脚手架

悬挑式脚手架是一种不落地式脚手架。这种脚手架的特点是：脚手架的自重及其施工荷重利用建筑结构边缘向外伸出的悬挑结构来支承外脚手架，将脚手架的荷载全部或部分传递至建筑物，因而搭设不受建筑物高度的限制。在建筑工程中主要用于外墙结构、装修和防护，以及在全封闭的高层建筑施工中，用以防坠物伤人。悬挑式脚手架与前面所讲的脚手架相比，更节省材料、搭设方便,具有良好的经济效益。

一、悬挑式支承结构

悬挑式脚手架的关键是悬挑式支承结构,它必须具有足够的强度、刚度和稳定性,并能将脚手架的荷载传递给建筑结构。其架体可用扣件式钢管脚手架或碗扣式钢管脚手架和门式脚手架等搭设。一般为双排脚手架,架体高度可根据施工要求、结构承载力和塔吊的提升能力确定。

悬挑支承结构的结构形式,大致可分为悬挑式支承结构和下撑式支承结构两大类。在工程中最常见的一般为三角形桁架,根据所用杆件的种类不同,可分成型钢支承结构和钢管支承结构。

(一) 型钢支承结构

型钢(如工字型、槽钢)支承结构的结构形式,主要有斜拉式、下撑式和悬臂式三种。这三种型钢悬挑支承结构的形式不同,它们的组成、受力和特点也不相同。

(1) 悬臂式支承结构。悬臂式是仅用型钢作为悬挑梁外挑,其悬臂长度与搁置长度之比不得小于1:2。型钢采用预埋圆钢环箍或用电焊进行固定,从而形成悬挑支承结构,如图5-1 (a) 所示。悬臂式脚手架搭设高度不宜超过10m。

(2) 下撑式支承结构。下撑式是用型钢焊接成三角形桁架,其三角斜撑为受压杆件。桁架的上、下支点与建筑物相连,从而形成下撑支承结构,如图5-1 (b) 所示。

(3) 斜拉式支承结构。斜拉式是利用型钢作悬挑梁外挑,再在悬挑端用可调节长度的无缝钢管或圆钢拉杆与建筑物相连,从而形成悬挑支承结构,如图5-1 (c) 所示。

型钢支承结构的承载力远大于钢管支承结构,通过设计计算和工程实践,支承结构上部脚手架搭设高度最高可达25m,但型钢支承结构的耗钢量较大,预埋件存在一次性弃损,且现场制作精度要求高,安装难度比较大。

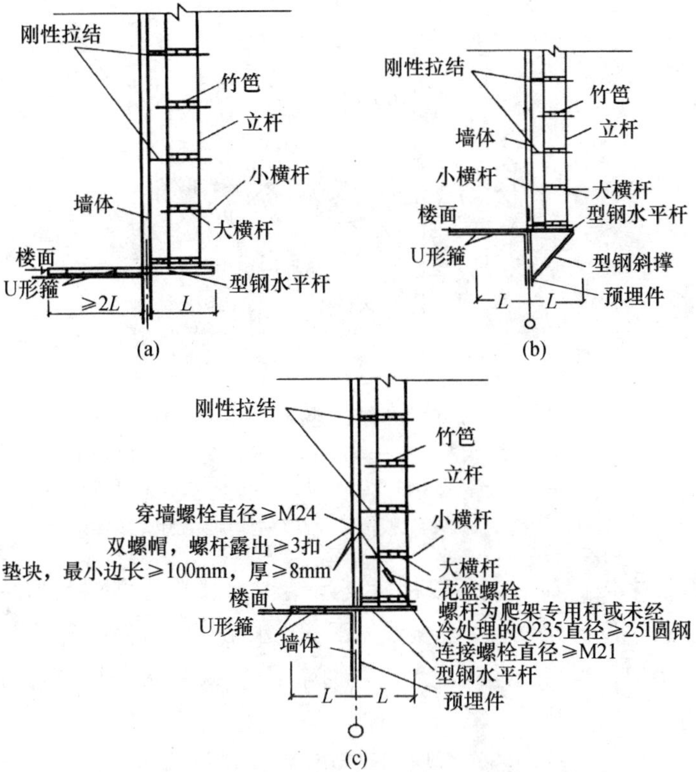

图 5-1 型钢支承结构悬挑脚手架示意图
(a) 悬臂式悬挑脚手架;(b) 下撑式悬挑脚手架;(c) 斜拉式悬挑脚手架

(二) 钢管支承结构

钢管支承结构是由普通脚手架的钢管组成的三角桁架,如图 5-2 所示。斜撑的下端支在下层的边梁或其他可靠的支托物上,具有相应的固定措施。

当钢管支承结构的斜撑杆较长时,可采用双杆或在中间设置连接点。因钢管支承结构的节点连接以扣件为主,而扣件又以紧

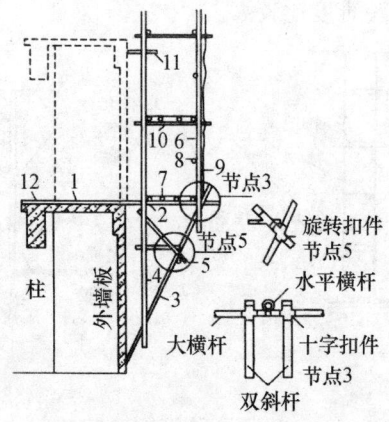

图 5-2 钢管支承结构悬挑脚手架示意图
1—水平横杆；2—大横杆；3—双斜杆；4—内立杆；5—加强短杆；
6—外立杆；7—竹笆脚手板；8—栏杆；9—安全网；10—小横杆；
11—短钢管与结构拉接；12—水平横杆与预埋环焊接

固摩擦来传递荷载，所以钢管支承结构承载力比型钢支承结构小。通过设计计算和工程实践，钢管支承结构一般仅能搭设4~8步脚手架，当高层建筑施工时，通常以2~4层为一段进行分段搭设。

钢管支承结构的搭拆属于高空作业，搭拆施工前要研究各杆件之间的关系，明确搭拆的顺序，避免杆件传力不合理，留下安全隐患。因钢管支承结构的悬挑脚手架在搭设和使用时，存在诸多不安全因素，在实际工程中不提倡搭设这类脚手架。

二、构造及搭设要点

悬挑式脚手架的构造是比较简单的，但为了确保在使用过程中的安全和方便，在其构造及搭设方面必须满足下列要求：

（1）悬挑支承结构是脚手架的主体，必须具有足够的承载力、刚度和稳定性，能将脚手架荷载全部或部分传递给建筑物。

(2) 悬挑式脚手架的高度（或分段悬挑搭设的高度）不宜过高，一般不得超过 25m。

(3) 新设计组装或加工的定型脚手架，在正式使用前应进行不低于 1.5 倍施工荷载的静载试验和起吊试验，试验合格（即试验后未发现焊缝开裂、结构变形等情况）后才能正式投入使用。

(4) 选用的塔式起重机应与悬挑式脚手架配套，即应具有满足整体吊升或下降悬挑式脚手架段的起吊能力。

(5) 悬挑梁支托式脚手架立杆的底部应与挑梁可靠连接固定，其连接做法如图 5-3 所示。一般可采用在挑梁上焊短钢管，将立杆套入顶紧后，使用 U 形销插入其销孔连接固定；也可采用螺栓连接锚固的方式。

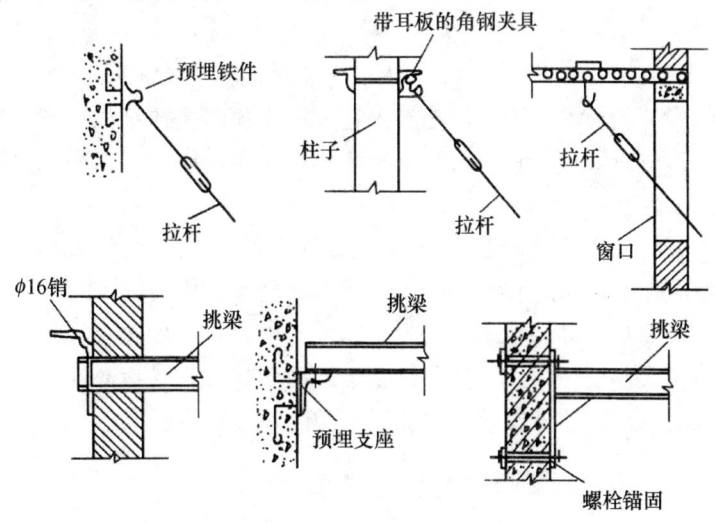

图 5-3 悬挑式挑梁与结构的连接做法

(6) 当设置的悬挑式脚手架超过 3 步时，应每隔 3 步和 3 跨设置一个连墙件，以确保脚手架的稳定承载。

(7) 在悬挑式脚手架的外侧，一般应采用密目型安全网（或其他围护材料）进行全封闭围护，以确保脚手架上施工人员安全操作和避免物体坠落伤人。

（8）在悬挑式脚手架处，必须设置可靠的施工人员上下的安全通道，以确定施工人员的通行安全。

（9）在悬挑式脚手架的整个使用过程中，应当经常检查脚手架和悬挑设施的工作情况。当发现有异常情况时，应及时停止作业，进行认真检查和处理。

三、悬挑式脚手架的适用范围

悬挑式脚手架是一种结构简单、搭设方便、比较经济适用的悬空脚手架，但也有一定局限性和缺点，并不是所有的建筑工程均可使用的。经多年的工程实践证明，以下情况适用悬挑式脚手架。

（1）对于±0.000以下结构工程的回填土不能及时回填，脚手架没有搭设的基础，而按施工进度的安排，主体结构工程又必须立即进行，否则将影响整个工程的竣工工期时，可以采用悬挑式脚手架。

（2）如果高层建筑的主体结构四周为裙房施工，主体结构施工所用的脚手架不能直接支承在地面上时，应当采用悬挑式脚手架。

（3）在超高层建筑施工中，脚手架的搭设高度超过了架子的容许搭设高度，因此，需要将整个脚手架按容许搭设高度分成若干段，每段脚手架支承在由建筑结构向外悬挑的结构上。

四、悬挑式脚手架搭设注意事项

（一）搭设前的准备工作

（1）悬挑式脚手架在搭设之前，应制订搭设方案并绘制施工图指导施工。对于多层悬挑的脚手架，必须经设计计算确定。其内容包括：悬挑梁或悬挑架的选材及搭拆方法，悬挑梁的强度、刚度、抗倾覆验算，与建筑结构焊接连接或螺栓连接，不得采用扣件连接。其计算书及施工方案应经上级技术部门或总工审批。

（2）施工前应对立杆的稳定措施、悬挑梁与建筑结构的连接等关键部位绘制大样详图，以便指导施工。

（二）悬挑梁及架体稳定

（1）单层悬挑的脚手架的稳定关键在斜挑立杆的稳定与否，施工中往往将斜立杆连接在支模的立柱上，这种做法是不允许的，也是非常危险的。必须采取措施与建筑结构连接，确保荷载传递给建筑结构承担。

（2）多层悬挑的脚手架可采用悬挑梁或悬挑架。悬挑梁的尾端固定在钢筋混凝土楼板上，另一端悬挑出楼板。悬挑梁按立杆间距（一般为1.5m）布置，梁上焊短管作底座，脚手架立杆插入固定，并架设扫地杆；也可采用悬挑架结构，使一段高度的脚手架荷载全部传给底部的悬挑架承担。

悬挑架本身即形成一刚性框架，可采用型钢或钢管制作，但节点必须是螺栓连接或焊接的刚性节点，不得采用扣件连接，悬挑架与建筑结构的固定方法经计算确定。

（3）无论是单层悬挑还是多层悬挑，其立杆的底部必须固定在牢靠的地方，并有固定措施确保底部不发生位移。

（4）多层悬挑每段搭设的脚手架，应当按照一般落地脚手架搭设规定，垂直方向不大于2步，水平方向不大于3跨与建筑结构连接，以保证架体的稳定，不发生倾覆事故。

（三）铺设脚手板的要求

（1）必须按照脚手架的宽度满铺脚手板，板与板之间要确实紧靠，脚手板平接或搭接应符合要求，板的表面要平整，脚手板与小横杆要放置牢靠。

（2）脚手板的材质和规格应符合现行标准的要求，绝对不能采用损坏、腐朽和报废的脚手板。

（3）脚手板的铺设必须符合设计和有关规范的要求，不允许出现探头板。

（四）脚手架对荷载要求

（1）悬挑脚手架的施工荷载，一般可按装饰架荷载 $2kN/m^2$ 计算。当有特殊要求时，应按照承包商的设计方案规定，施工中不准超载使用。

（2）在悬挑架上不准堆放大量材料和过重的设备，当众多施工人员同时作业时，应注意尽量分散脚手架上的荷载，严禁利用脚手架作为垂直运输。

（五）技术交底及其验收

（1）在悬挑脚手架正式搭设前，施工负责人必须组织作业人员进行安全技术交底，详细介绍脚手架搭设的难点和重点；搭设完毕后组织有关人员按照承包商的方案要求进行检查验收，确认符合要求后方可投入使用。

（2）进行安全技术交底和检查验收工作，必须按方案要求严肃认真进行，要对检查情况、整改结果等如实填写、记录，并由有关人员进行签字。

（六）各种杆件间距规定

（1）杆件的间距必须按施工方案规定，需要加大时必须修改施工方案，同时要经计算确实安全。另外，立杆的倾斜度也必须符合设计要求，不允许随意改变。

（2）单层悬挑脚手架的立杆，应当按 1.5~1.8m 步距设置大横杆，并按落地式脚手架作业层的要求设置小横杆。

（3）多层悬挑每段脚手架的搭设要求，应按落地式脚手架立杆、大横杆、小横杆及剪刀撑的规定进行。

（七）脚手架架体的防护

（1）悬挑脚手架的作业层外侧，应按照临边防护的规定设置防护栏和挡脚板，以防止操作人员和料物等的坠落。

(2) 多层悬挑架上搭设脚手架,要按照落地式脚手架的要求,用密目式安全网确实加以封严。

(八) 脚手架层间的防护

(1) 按照有关规定,作业层下应设置一道防护层,防止作业层人及物的坠落。

①单层悬挑架一般只搭设一层脚手板为作业层,所以应在紧贴脚手板下部挂一道平网作防护层,当在脚手板下挂平网有困难时,也可沿外挑斜立杆的密目网里侧挂一道平网,作为防止人员坠落的防护网。

②多层悬挑搭设的脚手架,仍按落地施工脚手架的要求,不但有作业层下部的防护,还应在作业层脚手板与建筑物墙体缝隙过大时增加防护,防止人及物的坠落。

(2) 安全网作防护层必须封挂严密、牢靠,密目式安全网用于立网防护,水平防护时必须采用平网,不允许用立网代替平网。

(九) 脚手架的材质要求

(1) 脚手架的材质要求与落地式脚手架相同,杆件、扣件、脚手板等施工用材必须符合现行规范的规定。

(2) 悬挑梁、悬挑架的用材,应当符合《钢结构设计规范》GB50017—2017 的有关规定,并应有相应的试验报告资料。

第二节 悬吊式脚手架

悬吊式脚手架是通过在建筑物上特设的支承点固定挑梁或挑架,利用吊索悬吊吊架或吊篮进行砌筑或装修施工的一种脚手架,是高层建筑外装修和维修作业的常用脚手架。悬吊式脚手架的升降一般分为手动和电动两种,目前我国在工程中多采用手动吊篮,大多数由施工单位根据施工现场、工程特点自行设计,并用扣件钢管组装而成,比电动吊篮经济实用。但用于高层建筑外墙的维修、幕墙清洗等时,采用电动吊篮则具有节约材料、节省劳力、操作灵活、升降轻便、速度较快、技术经济效益较好等优点。

一、手动吊篮

(一) 手动吊篮的基本构造

手动吊篮构造比较简单,一般由支承设施(建筑物顶部悬挑梁或桁架)、吊篮绳索(钢丝绳或钢筋链杆)、安全钢丝绳、手扳葫芦(或倒链)和篮型架子(通常称为吊篮架体)等部分组成,如图 5-4 所示。手动吊篮是利用手扳葫芦进行升降的。

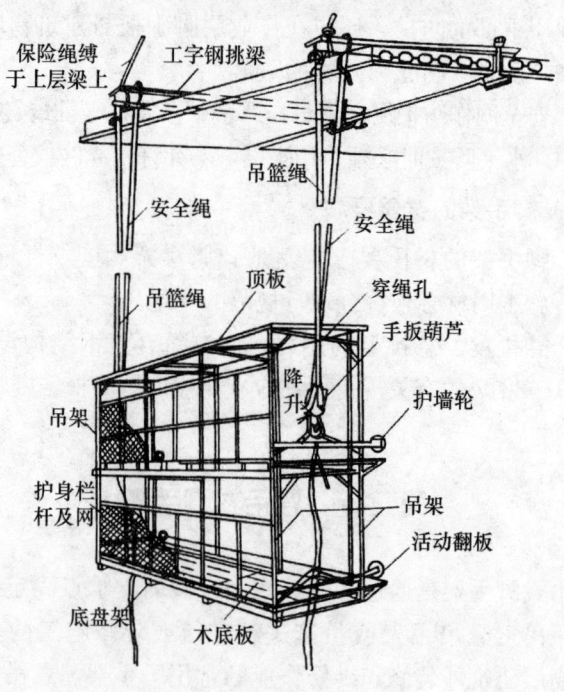

图 5-4　手动吊篮组成示意图

在一些中小型建筑工程中,最常使用的是小型手动吊篮,这种吊篮结构更简单,制作更容易,一般可由施工单位根据需要自行设计制作,其主要组成部分为吊架(包括桁架式工作台)或吊篮、支承设施(包括支承挑架和挑梁)、吊索(包括钢丝绳、铁链、钢筋)及升降装置等。对于高层建筑的外装修作业和平时的维修保养,都是一种极为方便、经济的脚手架形式。

(1)支撑设施。一般采用建筑物顶部的悬挑梁或桁架,必须按设计规定与建筑物结构固定牢固,挑出的长度应保证吊篮绳垂直地面,如图 5-5(a)所示。如挑出过长,应在其下面加设斜撑,如图 5-5(b)所示。挑梁之间应有纵向水平杆连接成整体,挑梁与吊篮吊绳连接端应有防止滑脱的保护装置。

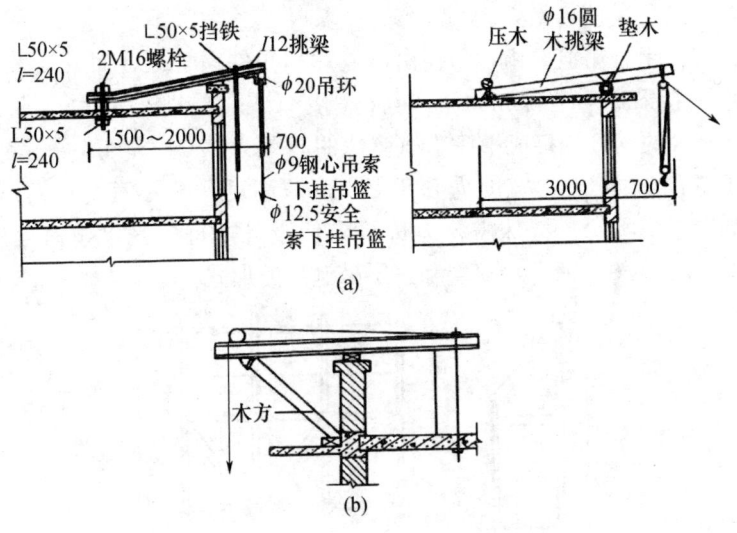

图 5-5 悬挑梁构造示意图

(2)吊篮绳索。手动吊篮的吊篮绳索可采用钢丝绳或钢筋链杆。钢丝绳的直径应根据计算确定,最小直径一般不小于 13mm。钢筋链杆的直径不小于 16mm,每节链杆的长度为 800mm,每 5

～10根链杆相互连成一组,使用时用卡环将各组连接成所需要的长度。

(3) 保险绳索。应采用直径不小于13mm的钢丝绳。

(4) 手扳葫芦。手扳葫芦是手动吊篮中的升降设备,其携带方便、操作灵活,可以在任意方向使用。为确保施工安全,需增设一根直径2.5mm的安全钢丝绳。

在使用时,在每根悬吊钢丝绳上各安装一个手扳葫芦,将钢丝绳通过手扳葫芦的导绳孔向吊钩方向穿入、压紧,反复扳动前进手柄,即可进行起吊或牵引作业。反复扳动倒退手柄,即可下落或放松。在操作手扳葫芦时,前进手柄和倒退手柄不能同时扳动。在操作过程中,严禁扳动松卸手柄,严禁超载使用。

(5) 吊篮与吊架。

①组合吊篮。组合吊篮由吊篮片和扣件钢管组合而成。吊篮片一般采用直径48mm的钢管焊接而成,再把吊篮片用直径48mm的钢管扣接成吊篮。吊篮片的间距为2.0～2.5m,吊篮长不宜超过8.0m,宽度为0.8～1.2m,高度一般不宜超过两层,如图5-6所示。特殊需要应进行专门设计,每层高度不宜超过2.0m。图5-7所示为双层和三层吊篮片的形式。

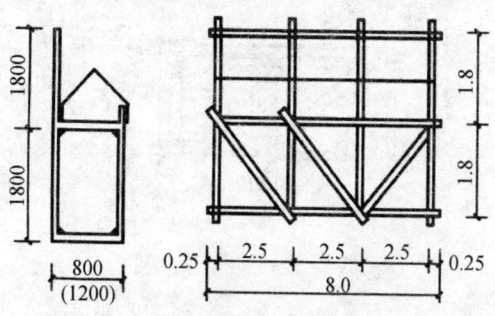

图5-6 组合吊篮的组装形式

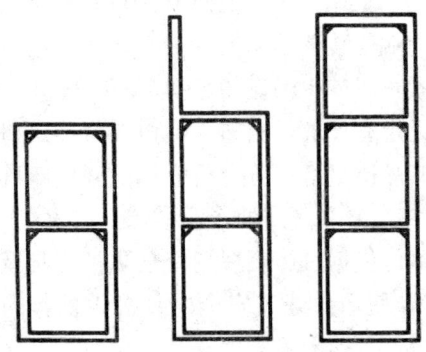

图 5-7 双层与三层吊篮片形式

②框架式钢管吊架。框架式钢管吊架是采用直径 50mm、壁厚 3.5mm 的钢管焊接而成,图 5-8 所示主要用于外装修工程的框架式钢管吊架。

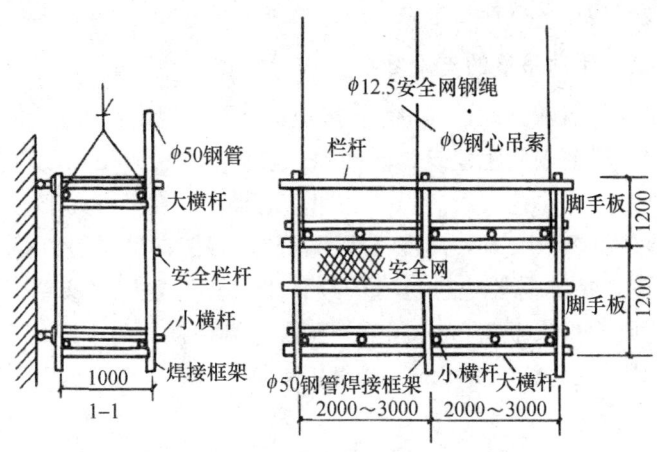

图 5-8 框架式钢管吊架示意图

③桁架式工作平台。桁架式工作平台一般由钢管或钢筋制成桁架结构,并在上面铺上脚手板。桁架式工作平台的长度常见的有 3.6m、4.5m 和 6.0m 等几种,宽度一般为 1.0～1.4m。这类

工作平台主要用于工业厂房或框架结构的围护墙施工。

吊篮里侧两端应装置可伸缩的护墙轮，使吊篮在升降工作时能与结构面靠紧，以减少吊篮的晃动，同时也保护结构的表面。

手动吊篮无定型设计，当前多数由取得建筑机械生产许可的厂家生产，其产品质量必须符合行业标准《建筑施工安全检查标准》（JGJ 59—2011）和《高处作业吊篮》（GB/T 19155—2003）的规定。施工单位依据《施工现场安全防护用具及机械设备使用监督管理规定》，使用由建筑安全监督机构推荐的经鉴定合格的吊篮脚手架。

要特别引起重视的是：无论采用何种吊篮脚手架，都必须对吊篮的挑梁结构进行强度和刚度验算、钢丝绳安全系数验算，并经上级有关部门审批。制作及组装搭设时，应加强技术安全监督，严格检查和控制质量，经上级技术、质量、安全部门验收合格后投入使用，确保安全施工。

（二）手动吊篮的支设要点

手动吊篮在支设过程中，一般应符合下列规定：

（1）吊篮内侧距建筑物的间隙一般为 100～200mm，两个吊篮之间的间隙不得大于 200mm。吊篮的最大长度不宜大于 8.0m，其宽度为 0.8～1.0m，高度一般不宜超过两层，每层的高度不超过 2.0m，特殊需要应进行专门设计。吊篮的立杆（或单元片）纵向间距不得大于 2.0m，吊篮外侧及两端栏杆高为 1.5m，每道栏杆间距不应大于 500mm，挡脚板不低于 180mm，并用安全网全面封闭。

（2）如果采用 50mm 厚的脚手板，支承脚手板的横向水平杆的间距不应大于 1.0m，脚手板必须与横向水平杆绑牢或卡牢固，不允许有松动或探头板。

（3）吊篮内侧两端应装有可伸缩的护墙滚轮等装置，使吊篮与建筑物在工作状态时能够靠紧，以减少架体的晃动；同时超过一层架高的吊篮架要设置爬梯,每层架子的上下人孔要有盖板。

(4)为增强脚手架的刚度和稳定性,在吊篮架体的外侧大面和两侧小面处,应加设剪刀撑或用斜撑杆卡牢。

(5)吊篮如果采用钢筋链杆,其直径不应小于16mm,每节链杆的长度为800mm,每5~10根链杆应相互连成一组,使用时用卡环将各组连接成所需要的长度。安全绳均采用直径不小于13mm的钢丝绳通长到底布置。

(6)悬挂吊篮的挑梁,必须按设计规定与建筑结构固定牢靠,挑梁挑出的长度应保证悬挂吊篮的钢丝绳(或钢筋链杆)垂直于地面。挑梁之间应当用纵向水平杆连接成一个整体,以保证挑梁结构的稳定。挑梁与吊篮吊绳的连接端,应当有防止滑脱的保护装置。

二、电动吊篮

(一)电动吊篮的构造

电动吊篮的构造比较简单,主要由工作吊篮、提升机构、绳轮系统、屋面支承系统及安全锁组成。图5-9为建筑工程施工中常用的ZLD—500型电动吊篮构造示意图。我国生产的电动吊篮的技术性能见表5-1。

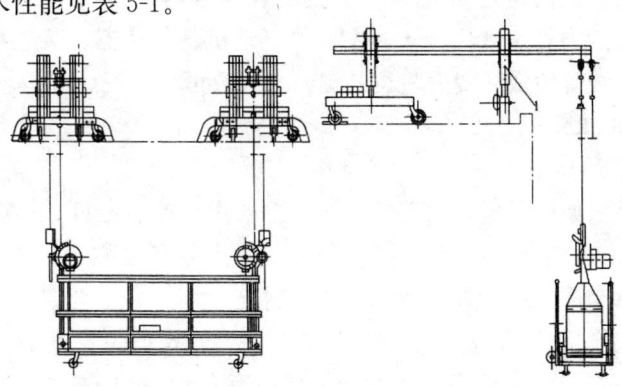

图5-9 ZLD—500型电动吊篮构造示意图

表 5-1 国产的电动吊篮的技术性能

电动吊篮型号	WD-350A	WD-350B	ZLD-500
额定载重量（N）	3500	3500	5000
提升速度（m/min）	6	6	8.8
最大提升高度（m）	100	100	100
电动机功率（kW）	2×0.75	2×0.75	2×0.80
制动力矩（N·m）	—	—	11
电缆线型号	YHC3×2.5+1×1.5	YHC3×2.5+1×1.5	YHC3×2.5+1×2.5
钢丝绳规格	6×(31)—9.3—170	6×(31)—9.3—170	7×19—9.75—170
工作吊篮尺寸（mm）	2400×700×1200	3800×950×2080	3000×700×1040（标准）6000×700×1040（加长）
吊篮自重（N）	2500	3200	3300（标准）、4400（加长）
屋面支承系统结构自重（N）	—	—	11800

1. 提升机构

提升机构是电动吊篮的动力和核心，影响整个悬吊式脚手架的起吊能力和速度快慢，其主要由电动机、制动器、减速系统及压绳系统等组成。提升机构的提升力大致可分为三个等级：3kN、5kN 和 8kN。

2. 吊篮架体

吊篮架体是电动吊篮的主体，主要由底篮、栏杆、挂架和附件组成。按制作原材料不同区分，工作吊篮有两种：一种是用合金型材制成；一种是用薄钢板冲压制成。

工作吊篮的宽度一般为 0.7m，标准吊篮的长度有 2.0m、2.5m 和 3.0m 三种规格。吊篮周围设有高 1.2m 的护栏，靠墙面的一侧围护栏杆可以升降，以便扩大操作面。吊篮上还装有可沿建筑物墙面滚动的托轮，以使吊篮紧贴墙面，从而减少吊篮的晃动。吊篮底部设有脚轮，以利于在施工现场移动。吊篮顶部设有防护棚，以防高空坠物伤人。

此外，吊篮上还装有与建筑物拉结用的锚固器，以便于吊篮较长时间停置一处，完成比较复杂的装修作业。

3. 屋面支承系统

屋面支承系统种类比较多，在建筑工程中常见的有：简单固定挑梁式、移动挑梁式、高女儿墙适用移动挑梁式和大悬臂移动挑梁式等，如图 5-10 所示。

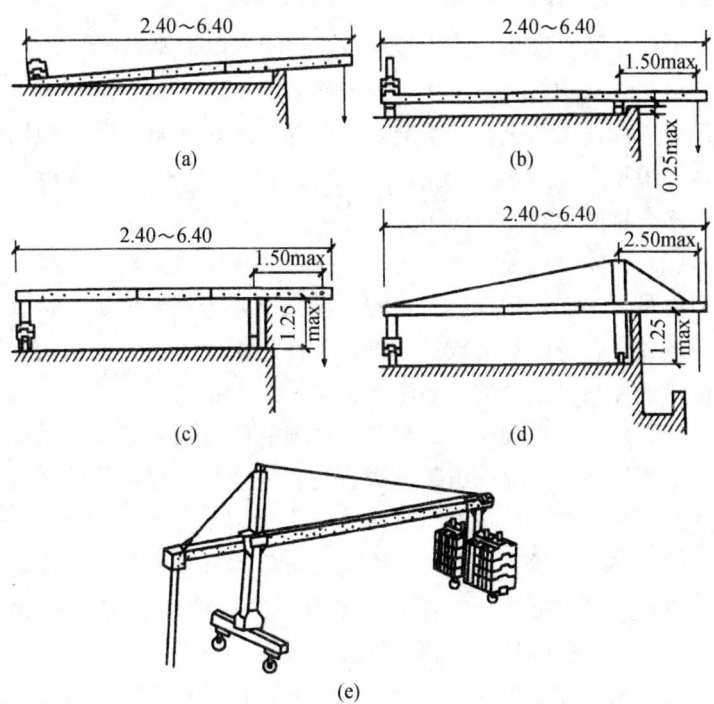

图 5-10 电动吊篮屋面支承系统示意图（单位：m）
（a）简单固定挑梁式；（b）移动挑梁式；（c）高女儿墙适用移动挑梁式；
（d）、（e）大悬臂移动挑梁式

4. 安全锁

安全锁是电动吊篮中重要的安全装置,根据建筑工程施工的安全规程规定,载人作业的电动吊篮均应备有独立的安全绳和安全锁,以保护吊篮中操作人员免遭因吊篮意外坠落而受到伤害。

5. 绳轮系统

电动吊篮的绳轮系统是指吊篮的传动系统,滑轮和钢丝绳的直径、绳卡数量、间距、方向严格按照使用说明书上的相关要求执行,严禁用吊篮钢丝绳做电焊机的接地线使用。

(二)安装及使用要点

电动吊篮在安装和使用过程中,应注意以下要点:

(1) 认真做好准备工作。根据施工方案,工程技术负责人必须逐级向操作人员进行技术交底,使施工人员了解安装及使用的重点。根据有关规程的要求,对吊篮脚手架的材料进行检查验收,不合格的材料不得使用。

(2) 在安装屋面支承系统时,一定要仔细检查各处连接件及紧固件是否牢固,检查悬挑梁的悬挑长度是否符合要求,检查配重码放的位置及配重的数量是否符合使用说书中的有关规定,这些都是确保吊篮安全的重要注重事项。

(3) 确定搭设顺序。确定支承系统的位置→安置支承系统→挂上吊篮绳及安全绳→组装吊篮→安装电动机→穿插吊篮绳及安全绳→提升吊篮→固定保险绳。

(4) 屋面支承系统安装、检查完毕后,方可安装钢丝绳。安全钢丝绳在外侧,工作钢丝绳在里侧,两种钢丝绳一般相距15cm左右,钢丝绳应当确实固定、卡紧。

(5) 吊篮在施工现场附近组装完毕,经过检查完全合格后运至指定位置进行安装,然后接通电源试车。同时,由上部将工作钢丝绳和安全钢丝绳分别插入提升机构及安全锁中。工作钢丝绳一定要在提升机运行中插入。在接通电源时,一定要注意相位,使吊篮能按照正确的方向升降。

（6）对于新购进或刚制作的电动吊篮组装完毕后，为保证施工顺利进行和安全，应进行空运转试验 6~8h，待一切正常后，才可开始负荷运行。

（7）当电动吊篮需要停置于空中工作时，应将安全锁锁紧，待再需要移动时，才可将安全锁放松，这要形成一个良好的安全工作习惯。安全锁累计使用 1000h 必须进行定期检验和重新标定，以保证其安全工作。

（8）在吊篮操作的过程中，对于施工所携带的材料和施工机具，必须安置妥当、均匀布置，不得过于集中而使吊篮倾斜和超载。

（9）电动吊篮在运行中如果发生异常响声和其他故障，必须立即停机进行认真检查，不可勉强提升或降落，在故障未彻底排除前，不得继续使用。

（10）在吊篮需要下降着地之前，应当在吊篮下面相应位置垫好方木，以免下落时损坏吊篮底部的脚轮。

（11）每天电动吊篮使用完毕后，应注意检查并做好以下收尾工作：

①将电动吊篮内的建筑垃圾等清扫干净，撤出上下扶梯后，将吊篮悬挂于离地面 3m 处。

②吊篮悬空后，要使吊篮与建筑物拉结起来，以防止大风骤起刮坏吊篮和墙面。

③将多余的电缆线及钢丝绳存放于吊篮内，以防止丢失而影响第二天的作业。

④以上各项工作完成后，应注意将电源切断。

三、悬吊式脚手架的检查与拆除

（一）悬吊式脚手架的检查

在悬吊式脚手架使用前，必须按照规定进行认真的检查，主要应检查以下方面：

（1）屋面支承系统的悬挑长度是否符合设计要求，与建筑结构的连接是否牢固可靠，配套的位置和数量是否符合设计要求。

（2）在全面检查的同时，应重点检查吊篮绳、安全绳和吊索是否符合设计要求，连接是否牢固可靠。

（3）五级及五级以上大风、大雨、大雪及特别天气后，应对悬吊式脚手架进行全面检查，确认合格后方可使用。

对悬吊脚手架的检查情况，应如实填写悬吊脚手架检查评分表，其包括的内容和评分标准见表5-2。

表 5-2 悬吊脚手架检查评分表

检查项目		扣分标准	应得分数	扣减分数	实得分数
保证项目	施工方案	无施工方案、无设计计算书或未经上级审批，扣10分； 施工方案不具体、指导性较差，扣5分	10		
	制作组装	挑梁锚固或配重等抗倾覆装置不合格，扣10分； 吊篮组装不符合设计要求，扣7～10分； 电动（手扳）葫芦使用非合格产品，扣10分； 吊篮使用前未按规定进行荷载试验，扣10分	10		
	安全装置	升降电动（手扳）葫芦无保险卡或失效的，扣20分； 升降吊篮无保险绳或失效的，扣20分； 无吊钩保险的，扣8分； 作业人员未系安全带或安全带挂在吊篮升降用的钢丝绳上，扣17～20分	20		
	脚手板	脚手板铺设不满、不牢，扣5分； 脚手板的材质不符合现行标准要求，扣5分； 脚手板每出现一处探头板，扣2分	5		

续表

检查项目		扣分标准	应得分数	扣减分数	实得分数
保证项目	升降操作	操作升降的人员不固定和未经培训合格，扣10分；升降作业时有其他人员在吊篮内停留，扣10分；两片吊篮连在一起同时升降无同步装置或虽有但达不到同步的，扣10分	10		
	交底与验收	每次提升后未经验收又上人作业的，扣5分；提升及作业未经安全技术交底的，扣5分	5		
	小计		60		
一般项目	防护	吊篮外侧防护不符合要求的，扣7~10分；外侧立网封闭不整齐的，扣4分；单片吊篮升降两端头无防护的，扣10分	10		
	防护顶板	多层作业无防护顶板的，扣10分；防护顶板设置不符合要求的，扣5分	10		
	架体稳定	作业时吊篮未与建筑结构拉牢的，扣10分；吊篮钢丝绳斜拉或吊篮离墙空隙过大的，扣5分	10		
	荷载	施工荷载超过设计规定荷载的，扣10分；荷载分布严重不均匀的，扣5分	10		
	小计		40		
检查项目合计			100		

（二）悬吊式脚手架的拆除

悬吊式脚手架的拆除顺序为：将吊篮逐步降至地面→拆除电动（手动）葫芦→抽出吊篮绳→移走吊篮→拆除挑梁→解掉吊篮绳、安全绳→将挑梁及附件吊送至地面。

第三节 里脚手架

里脚手架是一种搭设在建筑物内部的脚手架,一般用于墙体高度不大于 4.0m 的房屋内,在楼层上砌筑墙体和进行内部装修等施工作业。里脚手架的种类较多,在无需搭设满堂脚手架时,均可以采用各种工具式里脚手架。

由于建筑内部施工作业量比较大,平面分布十分复杂,要求里脚手架频繁搬移和装拆。因此,里脚手架必须具有轻便灵活、稳固可靠、搬移和装拆方便、占地较少、周转率高、比较经济等特点。

一、里脚手架的类型

里脚手架又称内墙脚手架,是沿室内墙面搭设的脚手架,它可用于内外墙砌筑和室内装修施工。里脚手架虽然用料较少,但由于拆除频繁、搬运较多,所以在建筑工程中常用的工具式里脚手架主要有折叠式、支柱式、门架式和马凳式等。

(一) 折叠式里脚手架

折叠式里脚手架的支架一般常用角钢制成,在两个脚手架之间铺上脚手板即可操作,也可以用粗钢筋、钢管等材料焊接制作(图 5-11)。在用于砌筑墙体时,其架设间距不宜超过 2.0m;在用于内装修时,其架设间距不宜超过 2.5m。这种里脚手架可搭设 2 步,第 1 步为 1.0m,第 2 步为 1.65m。

(二) 支柱式里脚手架

支柱式里脚手架是由若干支柱及横杆组成支架,在横杆上铺设脚手板组成。支柱式里脚手架可以分为套管式支柱、承插式钢管支柱和承插式角钢支柱 3 种。

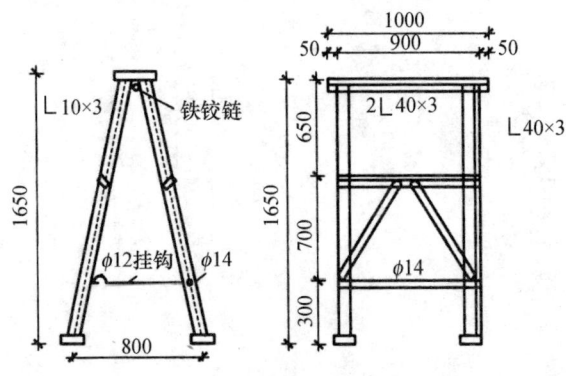

图 5-11 角钢折叠式里脚手架

套管式支柱由立管、插管组成,搭设时将插管插入立管中,以销孔间距调节脚手架的高度,插管顶端的伞形支托搁置方木横杆,以便在上面铺设脚手板,架设高度 1.57~2.17m 范围内,每个支柱重 14kg。套管式支柱的形式如图 5-12(a)所示。

承插式钢管支柱,在支柱的立管上焊有承插管,横杆的销头插入承插管中,可以在横杆上面铺设脚手板。这种支柱式里脚手架的架设高度有 1.2m、1.6m 和 1.9m 三种,当架设第 3 步时要加销钉以确保安全,承插式钢管支柱的形式如图 5-12(b)所示。

承插式角钢支柱,其立柱采用 L50mm×4mm 角钢材料,角钢立柱的内侧每隔 400mm 距离焊上一块支承钢板,立柱底部用钢筋作支腿。采用钢筋托架或型钢桁架将两支柱连接,并通过设在钢筋托架或型钢桁架两端的挂钩,卡在支承钢板上,这样可以变动架子的高度,其架设高度为 0.8m、1.2m、1.6m 和 2.0m。

(三)门架式里脚手架

门架式里脚手架是构造比较复杂的一种里脚手架,它主要由 A 型支架与门架组成,其比较稳定,工作面较大。门架式里脚手架如图 5-13 所示。

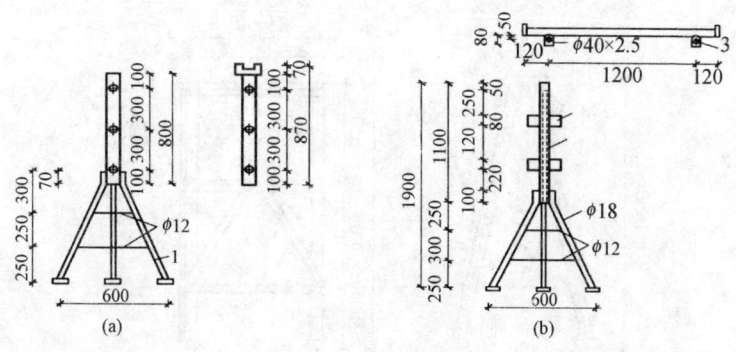

图 5-12 支柱式里脚手架
(a) 套管式支柱；(b) 承插式钢管支柱

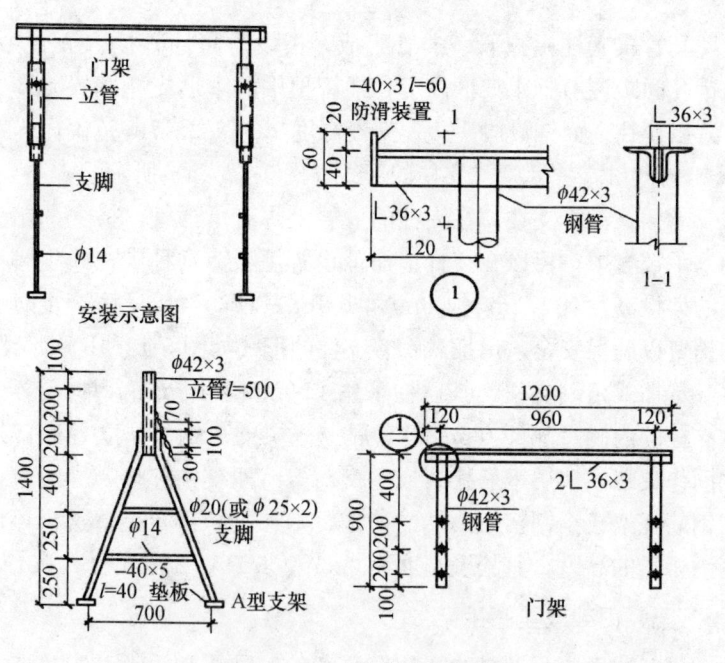

图 5-13 门架式里脚手架

(四)马凳式里脚手架

在建筑工程室内施工中,施工单位还常用木、竹、钢筋等材料制成马凳式里脚手架,以方便各位置和各种情况使用,马凳式里脚手架的形式如图 5-14 所示。

竹马凳　　　　　木马凳　　　　　钢马凳

图 5-14　马凳式里脚手架

二、里脚手架的应用

除以上所述的几种里脚手架外,按照里脚手架的用途不同,又可分为结构里脚手架、装修里脚手架、砌砖用金属平台架和升降式金属套管架等。在这些里脚手架的应用过程中,各自应注意以下事项。

(一)结构里脚手架

(1)立杆间距最大不得超过 1.5m,架子宽度不得小于 1.3m,宽度超过 1.7m 时,必须再加设一排支柱。排木的间距不得超过 1m。

(2)顺水杆每步高度(1.2m)应低于每步砌筑墙高度 20cm;2m 以上,每步均要绑一道防护栏杆,墙外侧离地面高度超过 3m 时,应采取外防护措施。

(3)架子的尽端和墙角处应绑八字。十字盖和压栏子做法同结构外脚手架。

(4)里脚手架应搭设人行马道或斜梯。斜梯宽度不得小于 1m,踏步高度不得大于 40cm,并至少绑两道防护栏杆。斜梯与地面的夹角不大于 60°。当斜梯的高度超过 5m 时,必须设置休息平台。

(二) 装修里脚手架

（1）装修里脚手架立杆间距、水平杆间距、排木间距、钢管立杆下脚做法与装修外脚手架的规定相同。

（2）四面交圈的里脚手架，四角必须绑抱角戗杆，中间必须加十字盖。一面脚手架应绑八字或十字盖。

（3）距地面高度超过 2m，每步应绑两道防护栏杆和 18cm 以上高度的挡脚板，并应设有行人马道或斜梯。

(三) 砌砖用金属平台架

（1）金属平台架用直径 50mm 钢管做支柱，用直径 20mm 以上钢筋焊成桁架。使用前必须逐个检查焊缝的牢固、完整程度，经检查合格后方可进行拼装。

（2）安放金属平台架的地面，与架手架接触部分必须垫 5cm 厚的脚手板，防止荷重过分集中、架子下沉或损坏地面。楼层上安放金属平台架，下层楼板底必须在跨中加顶支柱。

（3）平台架上脚手板应铺严绑牢。平台架离墙空隙部分，应用脚手板铺齐。

（4）每个平台架的使用荷载不得超过 20000N（即 600 块砖、两桶砂浆的质量）。

（5）如果将几个平台架合并使用时，必须将其一起绑扎牢固。

(四) 升降式金属套管架

（1）金属套管架使用前必须检查架子焊缝的牢固和插铁零件的齐全。套管、焊缝开裂或锈蚀损坏时不得使用。

（2）套管架应放平垫稳。在土地上安放套管架，应垫木板。

（3）套管架的间距，应根据各工种操作荷载的要求合理放置。一般以 1.5m 为宜,最大间距不得超过 2m。

(4) 需要升高一级时,必须将插铁销牢。插铁销钉直径不得小于 10mm。如需升高到 2m 时,应在两架之间绑上一道斜撑拉牢,防止架子摇动。

第六章　脚手架安全设施与管理

改革开放四十年来，随着我国经济的迅速发展，高层建筑和超高层建筑、桥梁和地下工程、多层工业厂房和大跨度建筑的大量兴建，促使模板和脚手架的应用日渐增多，但是，一些施工单位由于不重视模板和脚手架工程在施工中的重要作用，导致安全事故不断发生。这不仅影响工程质量、施工进度和工程造价，而且影响施工企业的声誉和发展前途。根据有关资料统计表明，在建筑工程施工中，涉及脚手架的安全事故时有发生，特别在高层建筑中出现事故的概率相当高，在不同程度上造成人员伤亡、财产损失和对工期的影响。

第一节　脚手架产生事故的原因分析

由于建筑工程高空作业多、施工周期长，在安全问题上往往会产生麻痹思想，因此在脚手架工程的准备、搭设、使用、拆除、运输及保管的全过程中，必须始终贯彻"安全第一、预防为主"的方针，采取切实可行的安全措施，防止安全事故的发生。因此，应对脚手架安全事故进行仔细分析，认真查找原因、寻找对策、提出相应预防措施，保证施工活动安全、有序地进行，是提高企业经济效益、确保工程质量和企业良好声誉的重要措施。

一、脚手架事故的类型

经过众多建筑工程的实践，从脚手架的搭设、使用、拆除等过程来看,脚手架常发生的安全事故主要有以下几种类型:由于脚手架整体失稳,造成整个脚手架垂直倒塌;不按有关规定进行搭设,造成脚手架整体倾倒或局部垮架;由于防护设施不全,施工人员从高空坠落;由于施工组织不当,造成高空落物伤人;由于操作顺序不当,引发安全事故;由于思想麻痹,造成意外事故;由于防护措施不当,触电、雷击造成伤亡事故等。

二、脚手架事故的原因

通过对一些具有代表性的脚手架事故的实例分析,我们可以清楚地发现,发生脚手架事故,既有直接原因,也有间接原因。

(一) 发生脚手架事故的直接原因

在引发脚手架事故的直接原因中,有设计不合理造成的,有技术方面造成的,也有指挥不当或操作不当造成的,还有突然发生的、自然因素和外来因素的影响造成的,归纳起来主要有以下方面:

(1) 由于不重视脚手架施工方案设计,对于一些超常规的脚手架仍按以往经验搭设,以致脚手架构造不合理,承载能力不能满足实际需要。

(2) 不重视外脚手架对连墙件的设置,或在建筑立面不规则处连墙件设置数量不足,或是在使用过程中任意拆除连墙件而又不及时恢复。

(3) 工程为了抢工期、赶进度,违反施工组织要求,多层上下同时作业,造成脚手架严重超载,或者脚手架上堆料过多造成局部超载。

(4) 遇到突发的自然因素和外来因素的影响,造成脚手架失稳或损坏,如暴雨大风、猛烈的机械碰撞等。

(5) 在搭设脚手架前,未按有关规定对地基进行处理,在施工过程中出现地基不均匀沉降,从而造成脚手架坍塌事故。

(6) 作业层未按规定要求设置安全防护设施，如外侧未设置封闭的安全网，脚手架上未设置防护栏杆和挡脚板，或者设置的标准不符合要求。

(7) 脚手板未按规定进行铺设，板与板之间的间隙过大，或者脚手板搁置不稳、固定不牢，有探头板现象，或受载后脚手板出现断裂。

(8) 脚手架上的工作面比较狭窄，再加上施工人员或架上堆料过多，操作人员在作业时相互拥挤碰撞，或上下脚手架行走不便。

(9) 在脚手架上施工用力过猛，或脚手板较滑造成身体失稳、滑倒，从而造成人员高空坠落、落物伤人等事故。

(10) 钢管脚手架搭设在高压架空电线的安全距离内，且没有任何防护措施，造成施工人员因不小心触电的伤亡事故。

(11) 在旷野、空旷地带和落雷区的脚手架，或高出相邻建筑物的脚手架，未按有关规定设置避雷设施，造成雷击伤亡事故。

(12) 在脚手架的拆除过程中，不按规定的顺序和要求拆除，而是随心所欲地乱拆除，造成脚手架倾倒垮塌和局部垮架事故；或在拆除过程中将拆下的材料从高处抛下，造成落物伤人事故。

(二) 发生脚手架事故的间接原因

发生脚手架事故的间接原因主要有两个方面：一是安全管理工作不到位，二是工人的安全防护意识差。虽然是发生脚手架事故的间接原因，但却是导致直接原因的重要因素。因此，对间接原因也应当引起足够重视。

(1) 根据《架子工国家职业标准》规定：架子工的基本文化程度为初中文化，而相关统计表明我国建筑业从业人员中三分之二以上是农民工，50%～60%的农民工因为没参加岗前培训或岗前培训的质量不能保证，应具备的基础知识相对较差，缺乏必要的安全技能。

（2）施工单位的安全管理不严格，安全措施落实不到位，导致施工环境恶劣。

（3）在实际施工之前，施工企业的技术人员没有按规定对作业人员进行书面安全技术交底，为赶工期而仓促施工，操作中管理也非常马虎。

（4）施工现场不按标准规范进行安全防护，管理人员不到现场监督检查，导致施工作业人员违章作业，不按要求安装和拆除脚手架是造成倒塌事故的重要原因。

第二节　脚手架的安全技术措施

（1）脚手架的搭设人员必须是经过国家《特种作业人员安全技术考核管理规则》考核合格的专业架子工。上岗人员应定期进行体检，体检和考核合格后方可持证上岗。

（2）对于脚手架的选型、选材、设计、搭设、构造、拆除和安全防护等方面的规定，必须作为单项工程施工组织设计的主要内容之一，不能单凭施工经验进行搭设。

（3）脚手架的安全工作，必须贯彻"安全第一、预防为主"的方针，管生产必须管安全，从而组成完善的安全管理体系。

（4）工地临时用电线路的架设及脚手架接地、避雷措施等，必须符合《施工现场临时用电安全技术规范》（JGJ 46—2005）中的有关规定。

（5）在搭设和拆除脚手架时，应按《建筑施工高处作业安全技术规范》（JGJ80—2016）的有关规定执行。且地面应设置围栏和警戒标志，并派专人负责，严禁非操作人员入内。

（6）在搭设和拆除脚手架前，应由工程项目技术负责人向工长、安全员、施工操作班组全体人员作安全技术交底，讲施工中应特别注意的事项。

(7) 当采用新技术、新工艺、新设备时，必须制定相应的安全技术措施，经有关部门批准后方可执行。

(8) 在整个施工的过程中，对职工应经常进行安全技术教育，发现施工中的安全技术问题应立即解决。

(9) 垂直设置建筑的外脚手架的外侧应满挂安全网围护，一般应选用细尼龙绳编织的密目式安全网。安全网应封严，与外脚手架固定牢靠。

(10) 从第 2 层楼面起应设置水平安全网，往上每隔 3～4 层设一道，同时再设一道随施工层的安全网。要求网绳不破损，生根要牢固、绷紧，围拼要严密。

(11) 严禁随意拆除杆件和进行危及脚手架的作业：

①不得任意拆除下列杆件，否则应报主管部门批准，并采取可靠的安全补救措施后方可拆除：a. 主节点处的纵、横向水平杆和纵、横向扫地杆、封口杆等；b. 连墙杆件、水平加固杆、交叉撑、水平架；c. 剪刀撑、之字撑、斜撑等；d. 栏杆、挡脚板；e. 安全立网和水平网。

②从室内往室外挖掘管沟通过脚手架时，应制定相应的立杆加固措施，报主管部门批准后方可动工开挖。

③在邻近脚手架处进行挖掘作业时，应采取相应的安全措施后，报主管部门批准后方可动工开挖。

④在脚手架（特别是木脚手板、架）上进行电气焊作业时，应采取相应的防火措施，并派专人看守。

(12) 在脚手架使用过程中，应注意以下事项：

①在工程相应位置应设置专供施工人员上下使用的安全扶梯、爬梯或斜道，否则必须设置室外电梯供施工人员上下。

②严格控制各式脚手架上的施工荷载，特别是对于附着式升降脚手架、桥式、吊、挂、插、挑等型式的脚手架，更应当严格

控制施工荷载。

③在脚手架上确实需要同时进行多层作业时，各作业层之间应设置可靠的防护棚栏，以防止上层坠落物体伤及下层作业人员。

④不得在脚手架上堆放模板、钢筋等物料，其他物料的堆放应少量、均匀。

⑤严禁在脚手架上栓拉缆风绳，更不允许固定、架设混凝土输送泵和管道、起重拔杆和起重设备等。

⑥在临街或人行通道的脚手架外侧，应有严密的防护措施和明显标志，以防止坠落物体伤人。

⑦当遇到立杆沉陷或悬空、架子歪斜、脚手板上结冰等情况时，应立即停止作业，在未解决问题之前，应随时观察脚手架的变化。

⑧定期并及时清除脚手架上的建筑垃圾，建筑垃圾不能直接抛至地下，应用垂直运输设备集中运下来。

⑨在安装模板时，模板的支撑不能与脚手架相连，运转物料的平台不得受力于脚手架上。

⑩脚手架在使用过程中，应定期检查下列项目：a. 杆件的设置和连接，连墙件、支撑、门洞桁架等的构造是否符合要求；b. 扣件螺栓是否有松动现象；c. 地基是否存有积水，底座是否松动；d. 橡胶电缆有无破损，提升设备有无损伤。

（13）现场安全员应当坚持原则、认真负责，有权制止违章指挥和违章作业，遇有险情应立即停止施工作业，并报告工程项目领导及时处理。

（14）所有的施工人员应严格遵守劳动纪律，服从领导和安全检查人员的指挥，在施工中要思想集中、精心操作、注意安全。

（15）遇到六级及六级以上大风、大雾、大雨、大雪等天气，应停止脚手架上的一切作业；雨雪后上脚手架作业前，应先清除积雪并有防滑措施。

第三节 架子工安全操作规程

（1）建筑登高作业（架子工），必须经专业安全技术培训，考试合格，持特种作业操作证上岗作业。架子工的徒工必须办理学习证，在技工带领、指导下操作，非架子工未经同意不得单独进行作业。

（2）架子工必须经过体检，凡患有高血压、心脏病、癫痫病、晕高或视力不够以及不适合于登高作业的，不得从事登高架设作业。

（3）正确使用个人安全防护用品，必须着装灵便（紧身紧袖），在高处（2m以上）作业时，必须正确佩戴、使用安全带，穿防滑鞋。作业时精神要集中，团结协作，互相呼应，统一指挥，不得"走过档"和跳跃架子，严禁打闹玩笑，严禁酒后上班。

（4）班组（队）在接受任务后，必须组织全体人员认真领会脚手架专项安全施工组织设计和安全技术措施交底，研讨搭设方法，明确分工，并派1名技术好、有经验的人员负责脚手架搭设的技术指导和监护。

（5）风力六级以上（含六级）强风和高温、大雨、大雪、大雾等恶劣天气，应停止高处露天作业。风、雨、雪和地震、洪水过后要进行检查，发现倾斜下沉、松扣、崩扣现象要及时修复，合格后方可使用。

（6）在带电设备附近搭设和拆脚手架时，应当停电后作业。在外电架空线路附近作业时，脚手架外侧边缘与外电架空线路的边线之间的最小安全操作距离不得小于安全距离。

(7) 脚手架的搭设、拆除、维修和升降，必须由架子工具体负责，非架子工不准从事脚手架操作。

(8) 扣件式钢管脚手架，按其搭设位置分为外脚手架和里脚手架；按立杆排数分为单排脚手架和双排脚手架；按高度分为一般脚手架和高层脚手架；按功能不同分为结构脚手架和装修脚手架。具体搭设的操作，应按照不同的规定进行。

(9) 脚手架搭设前应做好清除障碍物、平整场地、夯实基土、修建排水沟等工作，根据脚手架专项安全施工组织设计（施工方案）和安全技术措施交底的要求，基础验收合格后，再进行放线定位。

(10) 脚手架垫板宜采用长度不少于 2 跨、厚度不小于 50mm 的木板，也可采用槽钢。高层脚手架底座应准确放在定位位置上。

(11) 脚手架与在建建筑物拉结，一般脚手架用双股 8 号铅丝或直径 6mm 钢筋与结构顶部固定牢固，高层脚手架采用刚性拉结，拉结点之间水平距离不大于 6m，垂直距离不大于 4m。高度超过 20m 的脚手架不得使用柔性材料进行拉结。

(12) 高层施工脚手架（高 20m 以上）在搭设过程必须以 8～15m 为一段，根据实际情况，采取撑、挑、吊等技术措施，分阶段将荷载卸到建筑物上。

(13) 插口架允许负荷最大不得超过 1176N/m，脚手架上严禁堆放物料，人员不得集中在一处停留。

(14) 插口架提升或降落，应使用塔式起重机等起重机械，必须用卡环吊运，严禁任何人站在架子上随架子升降。

(15) 插口架外侧要接高挂网，其高度应高出施工作业层 1.0m，要设置剪刀撑，并用密目式安全网从上至下封严，安全网下脚要封死绑牢。相邻插口架应在同一平面，接口处应封闭严密。

(16) 插口架安装后必须经过检查和验收,合格经有关人员签字后,才能使用。

(17) 吊篮搭设构造必须遵照专项安全施工组织设计(施工方案)规定,在组装或拆除时,应3人配合操作,严格按照搭设方案作业,任何人不允许改变方案。

(18) 吊篮的负载不得超过1176N/m(120kg/m),吊篮上的作业人员和材料要对称分布,不得集中在一头,保持吊篮负载平衡。

(19) 升降吊篮的手扳葫芦应用3t以上的专用配套的钢丝绳,使用倒链应用2t以上的。承重的钢丝绳直径不小于12.5mm;吊篮两端应设保险绳,其直径与承重钢丝绳相同。绳卡不得少于3个,严禁使用有接头钢丝绳。

(20) 承重钢丝绳与挑梁连接必须牢靠,并应有预防钢丝绳受剪的保护措施。

(21) 安装、使用和拆卸附着式升降脚手架的工人必须经过专业培训,考试合格。未经培训任何人(含架子工)严禁从事此操作。

(22) 附着式升降脚手架安装前,必须认真组织学习专项安全施工组织设计(施工方案)和安全技术措施交底,研究安装方法,明确岗位责任。控制中心必须设专人负责操作,严禁未经同意操作。

(23) 外电架空线路安全防护脚手架,一般应使用剥皮杉木、落叶松等作为杆件,腐朽、折裂、枯节等易折木杆和易导电材料不得使用。外电架空线路安全防护脚手架应高于架空线1.5m。

(24) 脚手架运料坡道宽度不得小于1.5m,坡度以1:6(高:长)为宜。人行坡道的宽度不得小于1.0m,坡度不得大于1:3.5。立杆、纵向水平杆间距应与结构脚手架相适应,单独坡道的立杆、纵向水平杆间距不得超过1.5m。横向水平杆间距不得大于 1.0m，坡道宽度大于 2m 时，横向水平杆中间应加设吊杆，并每隔 1 根立杆在吊杆下加绑托杆。坡道及平台必须绑两道护身栏杆和 180mm 高的挡脚板。

（25）各类建筑施工中必须按规定搭设安全网。安全网分为平支网和立挂网两种。安全网搭设要搭接严密、牢固、外观整齐，网内不得存留杂物。安全网绳不得有任何损坏和腐朽等质量问题。

（26）在施工工程的电梯井、采光井、螺旋式楼梯口，除必须设金属可开启式安全防护门外，还应在井口内首层并每隔 4 层固定一道水平安全网。无法搭设水平安全网的，必须逐层立挂密目安全网全封闭。搭设的水平安全网，直至没有高处作业时方可拆除。

（27）龙门架的搭设和使用必须符合行业标准《龙门架及井架物料提升机安全技术规范》（JGJ 88—2010）的规定要求。

（28）脚手架拆除作业区的周围及进出口处，必须派专人负责警戒，严禁非作业区人员进入危险区域，拆除大片架子应加临时围栏。作业区内电线及其他设备有妨碍时，应事先与有关部门联系拆除、转移或加防护。

（29）在脚手架的拆除全部过程中，应指派 1 名责任心强、技术水平高的工人担任指挥和监护，并负责拆除撬料和监护操作人员的对已拆下的材料必须及时清理，并运至指定地点码放。当拆至底部时，应按要求先做好临时加固措施后，然后再进行拆除。

第四节　对脚手架的质量检查内容

要确保脚手架的施工使用安全，首先要保证脚手架的质量，所以在脚手架使用之前，必须按照施工规范的有关规定，对脚手架的质量进行检查验收。

一、脚手架构配件质量要求

（1）新钢管必须有产品质量合格证，必须有质量检验报告；钢管的表面应光滑，不应有裂缝、结疤、分层、错位、毛刺、压痕和深痕划道；钢管的外径、壁厚、端面等的允许偏差，应分别符合规范规定，外形不得有硬弯，其表面应涂有一层防锈漆。

（2）旧钢管表面的锈蚀度不得超过 0.5mm。锈蚀情况应每年检查一次，在进行检查时，应在锈蚀严重的钢管中抽取 3 根，在每根锈蚀严重部位横向截断取样检查。钢管弯曲变形在端部长度 1.5m 以内不得超过 5mm，立杆弯曲不得超过 12mm。

（3）新扣件应有产品质量合格证、生产许可证与专业检测单位的测试报告，旧扣件使用前必须进行质量检查，有裂缝、变形的严禁使用，脱扣的螺栓要进行更换；新、旧扣件均必须涂防锈漆。

（4）钢脚手板尺寸允许偏差，表面挠曲不应超过 12mm，表面扭曲（指任一角翘起）不应超过 5mm，每块钢脚手板必须涂防锈漆。

木脚手板的宽度不宜小于 200mm，厚度不宜小于 50mm，其材质应符合规范规定，已腐朽的脚手板不能再用。

二、脚手架的质量检查验收

（一）脚手架的地基基础及初步检验

（1）脚手架的地基基础是否符合要求，关系到脚手架是否下沉和稳定。因此，基础完工后应对其进行认真检查，合格后才能进行脚手架的搭设。

（2）脚手架搭设完毕后，应进行下列检查，合格后方可申请验收：

①脚手架的搭设位置、所用材料和构造是否符合技术要求，立杆的沉降与垂直偏差是否符合规定。

②各种杆件的设置和连接，连墙件、剪刀撑、斜撑、水平加固杆、门洞桁架等的构造是否符合设计要求。

③脚手架上的所有安全防护措施是否符合要求，如安全网、防护栏杆、交通通道、连墙件、脚手板等。

(二) 避雷及架空输电线路的安全距离

脚手架与架空输电线路的安全距离、工地临时用电线路的架设及脚手架接地避雷措施等方面，是否按《施工现场临时用电安全技术规范》(JGJ46—2005) 中的有关规定执行。

(1) 施工现场临时用电工程所使用的电气设备、装置、元器件和电线、电缆等电气产品必须按照国家和行业有关规定经国家"3C"认证和行业工业产品登记备案。使用单位相关人员应当对购买的电气设备、装置、元器件和电线、电缆质量进行核查，不合格产品不得用于临时用电工程。

(2) 当施工电梯、物料提升机以及高架脚手架等金属设施处于相邻建筑物、构筑物等设施防雷装置接闪器保护范围以外时，应按"滚球法"和规范规定确定和设置防雷装置，防雷装置的接闪器（避雷针）应设置于其最顶端，宜采用圆钢或焊接钢管制成，圆钢直径不应小于16mm，钢管直径不应小于25 mm，长度应为1～2m，其防雷引下线可利用该设备的金属结构体，但应保证电气连接。

(三) 脚手架验收时应具备的基本文件

在进行脚手架验收时，应具备以下基本文件：脚手架的施工设计文件及组装图；脚手架配件的出厂合格证、试验报告和质量合格标志；脚手架工程的施工记录、班组自检记录和工程项目部的检查记录；对升降式脚手架应有提升设备、绳具的出厂合格证和承力桁架、导向承重柱、横向承力刚架式托架、防坠装置等的试验记录证明;脚手架工程的施工验收报告。

(四)验收的组织和重点验收的项目

1. 验收的组织分工

高度在 25m 及 25m 以下的脚手架,由项目工程负责人组织技术和安全检查人员进行验收;高度大于 25m 的脚手架,由上一级技术负责人随着工程进度分阶段组织工程项目负责人、技术和安全检查人员进行验收。

2. 重点验收项目

对于脚手架的重点验收项目,主要包括以下 6 个方面,并要作好验收记录,详细地记在验收报告中。

(1)安装后的扣件,其拧紧螺栓的扭力矩应用力矩扳手抽查,抽样方法应按随机均布原则进行;抽样数目与质量判定标准,应按表 6-1 的规定确定,不合格时必须整体重新拧紧,并经复验合格方可验收。

表 6-1 扣件拧紧质量、抽样数目及判定标准

项次	检查验收项目	安装扣件数量(个)	抽检数量(个)	允许不合格数量(个)
1	连接立杆与纵(横)向水平杆或剪刀撑的扣件;接长立杆与纵(横)向水平杆或剪刀撑的扣件	51~90	5	0
		91~150	8	1
		151~280	13	1
		281~500	20	2
		501~1200	32	3
		1201~3200	50	3
2	连接横向水平杆与纵向水平杆的扣件	51~90	5	1
		91~150	8	2
		151~280	13	3
		281~500	20	5
		501~1200	32	7
		1201~3200	50	10

(2) 杆件是否齐全,连接件、挂扣件、承力件与建筑物的固定是否牢固可靠。

(3) 脚手架上的安全设施(安全网、护栏、挡脚板等)、脚手板、导向和防坠装置是否齐全和安全可靠。

(4) 脚手架下的基础是否平整坚实,支垫是否符合要求。

(5) 连墙件的规格、数量、位置和竖向水平间距是否符合要求。

(6) 脚手架的垂直度及水平度是否合格,其偏差应符合表6-2中的要求。

表6-2 脚手架搭设垂直度及水平度偏差 (mm)

项目		允许偏差
垂直度	每步架	$\leqslant h/1000$ 且不超过 ± 2.0
	脚手架整体	$\leqslant H/600$ 且不超过 ± 5.0
水平度	一跨距内两端、内外高差	$\pm l/600$ 且不超过 ± 3.0
	脚手架整体	$\pm L/600$ 且不超过 ± 5.0

注:h—步距;H—脚手架高度;l—跨距;L—脚手架长度。

第五节 脚手架事故的预防控制措施

根据脚手架发生事故的原因分析,主要可以在合理选择材料、加强施工管理、注重模架设计计算和加强政府安全监督等方面,采取相应的预防控制措施。

一、合理选择材料

针对目前频繁的脚手架与模板倒塌事故,合理选用钢管、扣件等材料是努力保证施工安全进行的重要措施,因此施工单位在严格按国家标准规范搭建施工脚手架之前,首先必须购买、租用具备生产厂家许可证、产品质量合格证明、检测证明和产品标识的钢管扣件；其次，钢管、扣件使用前应按有关技术标准的规定，按批次进行抽样，送法定检测单位，经检测不合格的钢管、扣件一律不能使用。

二、加强施工管理

（1）提高施工队伍业务水平，抓好架子工的专项技能培训，建立专业化脚手架与模板施工队伍。强化安全教育和培训，增强架子工的安全意识和自我保护意识。

（2）建立健全安全保证体系 首先应制定相关的建筑安全生产责任制，完善建筑安全管理体制，编制施工企业安全技术措施，做到技术交底必须以书面文字为依据，交底手续要完善，而且必须向一线操作工人直接交底。同时施工单位的专职安全员须对模架工程施工认真监督，严格检查，减少安全事故发生。其次推行建筑意外伤害保险工作，保障建筑施工一线作业人员合法权益。通过保险工作，可将保险公司纳入日常的施工安全生产管理中来，增强企业预防和控制事故的能力。

三、注重模架设计计算

为了保证模板架设工程质量，做好模板施工准备工作，在施工前应先进行模板设计，模板工程设计内容包括：选型、选材、荷载计算、结构设计、绘制模板施工图以及拟定制作、安装与拆除方案等，使模板及支撑系统有足够的强度、刚度和稳定性，安全地支撑预期荷载，控制模板支撑的变形量。模板设计不仅要有详细的计算书，而且要对细部构造画出大样，注明接头方法，标出水平横竿布置间距和剪刀撑设置要求等。

四、加强政府安全监督

（1）严格安全准入条件，加强产品质量监督和管理 严格安全准入条件，严把企业资质和个人执业资格条件，建立施工企业安全生产评价制度，建立对企业负责人、项目经理、安全管理人员安全生产知识和安全管理能力考核及特种作业人员持证上岗制度。严肃查处事故，强化责任追究，加大对隐患、严重事故多发的企业和责任人的处罚力度。严格市场准入制度，加强对模板与脚手架进行质量把关，对生产劣质产品的单位要严厉打击，只有经过相关检测合格后的产品才能流入施工现场。

（2）加强法规标准建设。根据本地实际情况制定模板与脚手架的生产、使用、租赁等环节的管理规定和地方标准，并建立钢管、扣件安全检测制度及报废制度，明确钢管、扣件的使用年限、规范钢管、扣件的生产、租赁、使用等活动。

（3）广泛发动社会各方面力量参与专项整治 充分发挥电视、广播、报纸、网络等新闻媒体的作用，对查处的模板与脚手架事故要及时曝光，对钢管、扣件质量检测结构及时公布。积极利用行业协会的作用，促进行业自律，提高模板、扣件、钢管质量。

第六节　架子工的安全防护

在脚手架的设计计算、搭设与拆除、架体结构等方面，住建部在《建筑施工扣件式钢管脚手架安全技术规范》（JGJ 130—2011）中，均制定了强制性的规定。但是，在实际工程的操作中，部分施工现场脚手架的搭设仍不规范。

经检查发现存在的主要问题：一是脚手架操作层的防护不规范；二是密目网、水平兜网系结不牢固，未按规定设置随层兜网和层间网；三是脚手板设置的不规范；四是悬挑架未按规定设置。由此导致了多起伤亡事故的发生，最主要的原因就是对架子工的安全防护工作没有确实落实到位。

一、安全防护用品使用的影响因素

安全防护用品是指劳动者在劳动过程中为避免或减轻事故伤害，或者职业危害所配备的安全防护用具。建筑脚手架工程中所用的安全防护用品包括：安全帽、安全带、安全网及其他个人防护用品等。

（一）安全防护用品选用应考虑的因素

在选用安全防护用品时要考虑以下三个因素：

（1）危害的性质。在选择安全防护用品前要对施工过程中所产生的危害进行详细了解，如建筑物的高度、污染的类型、冰冻时间等。

（2）安全防护用品的技术性能。即从制造商或供应商处，获取所选用安全防护用品性能数据，对具体危害的防御能力信息，以确保安全防护用品的防护作用。

（3）暴露于危害中的可以接受的水平。对于某些危害，其唯一可以接受的水平就是零。

（二）安全防护用品使用应考虑的因素

当做出了使用安全防护用品的决定，并选定安全防护用品的类型后，为了正确地使用确定的安全防护用品，需要考虑以下因素。

（1）佩戴要合适。为保证防护用品完全发挥作用，使用者佩戴合适是一项必需的基本要求。有些安全防护用品和装置的设计尺寸仅局限在一定的范围之内。特别是对于个体安全防护用品自身来讲，用来在穿戴上调节的余地是有限的。如果被保护者佩戴不合适，不但不能起到防护的作用，有时甚至还会产生不舒适和一定的伤害。如胶鞋尺码较小或过大，在脚手架上行走都会出现不正常的步伐，有出现事故的危险。

（2）使用舒适感。安全防护用品的使用者必须做到无论何时出现危害，所用的安全防护用品都佩戴在身，所以佩戴者的接受程度和使用舒适感非常重要。不管是出于何种原因，如果佩戴者感到不舒适，不愿意随时佩戴它，必然会影响完成工作任务的能力、注意力和精力，必然也会威胁施工人员的安全。

（3）要经常保养。要确保安全防护用品的使用功能，必须按照规定经常进行清洁、检查和维护，使其处于完全正常可使用的状态。

（4）加强培训。安全防护用品的使用者必须了解其使用限制、正确使用方法、必要保养方法，对于这些安全防护用品的主管应对使用者进行培训，加强为达到正确使用和保养防护用品知识的传授、宣传。

（5）相互关系。这是考虑在工作环境中佩戴安全防护用品的实际问题而提出来的。如有些眼部的保护用品与周围的光线不相匹配，有些呼吸保护器具戴上后使用不方便等，这类问题可以通过正确选择安全防护用品来解决。但是，在选择某项个体防护用品时，需要有一个全面的考虑，这样可以对个体安全防护用品做出组合性的选择。

（6）管理承诺。这是在拟定和落实任何一种安全计划中都要具有的条款，特别对于安全防护用品更为需要，因为这是确保施工者人身安全、防止危害的最后一道防线。因此，在工程施工的全过程中，一定要按照国家的规定加强对安全的管理，建立安全生产管理机构，配备必要的安全防护用品，制定切实可行的安全管理制度，实现安全、文明、高效施工。

二、个体安全防护用品的类型

各类个体安全防护用品，各自具有不同的功能，如眼睛保护、听力保护、呼吸保护、皮肤保护、防护服、防护鞋、安全带及安全钩等。

1. 眼睛保护

眼睛是人类感观中最重要的器官，大脑中大约有80%的知识和记忆都是通过眼睛获取的。同样，建筑工程脚手架的搭拆也是通过操作者眼睛，反映到大脑指挥四肢去完成的。因此，保护眼睛是极其重要的。在选择眼睛保护用品时，为了使其真正有效，首先要对眼睛可能造成的危害及其风险的程度进行评估。在工程中所用的眼睛保护用品，一般可分为安全眼镜、安全护目镜和面罩3类。

2. 听力保护

在建筑工程施工中会产生一些噪声，如机械、爆破、切割、撞击等，对施工现场的操作者听力影响很大。听力保护的器具主要有两大类：一类是置放于耳道内的耳塞，以此阻止声能的进入；另一类是置于外耳的耳罩，限制声能通过外耳进入耳鼓、中耳和内耳。需要注意的是，这两种保护器具均不能阻止相当一部分的声能通过头部传导到听觉器官。

3. 呼吸保护

呼吸保护一般分为两大类：一类是过滤式呼吸保护器，它通过将空气吸入过滤装置去除污染而使空气净化；另一类是供气式呼吸保护器，它是从一个未经过污染的外部气源向佩戴者提供洁净的空气。实践证明，绝大多数呼吸保护设备不能提供完全的保护，总有少量的污染物仍会不可避免地进入呼吸区。

（1）过滤式呼吸保护器。过滤式呼吸保护器有口罩、半面罩呼吸保护器、覆盖鼻子和嘴部的面罩、动力空气净化呼吸保护器和动力头盔呼吸保护器5类。

（2）供气式呼吸保护器。供气式呼吸保护器主要有长管洁净空气呼吸器、压缩空气呼吸器和自备气源呼吸器3种。

4. 个体防护服

为了保护施工人员的人体健康，当人体暴露在一些有危害的环境内,如炎热、寒冷、辐射、冲击、摩擦、潮湿、腐蚀、高速等,应当提供必要的防护用品。在一般情况下,人体防护主要有头部防护、身体防护、双手防护和皮肤防护。

(1) 头部防护。头部防护普遍采用安全头盔和头部保护器(安全帽),它们的主要功能是遮挡阳光、雨水并保护头部不受其他物体的撞击。头部保护器的防护具有很大的局限性,它主要在有限的空间里防止对头部的撞击,不能代替安全头盔的作用。安全头盔的寿命一般为3年左右,当长期暴露于紫外线或受到反复冲击时,其寿命会有所缩短。

(2) 身体防护。身体防护是指用身体防护服进行防护。身体防护服大多数是用棉布制作且反复使用的,在对防护服进行清洗时,要特别注意不要违反工业卫生要求。例如,在处理防护服的油污及化学品时,如果衣服不能保持清洁和及时更换,就有可能导致皮炎或皮肤癌的发生。

身体防护服的材料、式样、尺寸和使用,对安全防护均有很大的影响。如围裙及工装裤应是阻燃面料的,而在进行切割操作时所穿的裤子,要用强力尼龙或类似材料来提供防护。穿上工作服后可能对运动有所限制,也很容易被机械挂缠。因此,要小心地对工作服的类型及制造进行选择,同时还要教会使用者如何正确使用。

(3) 双手防护。任何机械、工具、材料等都是由双手来控制的,对于双手防护是一项极其重要的工作。在进行手的防护用品选择时,不仅要考虑到舒适、灵活的要求和防高温、防腐蚀的需要,而且要考虑到可能用手抓起各种物体条件的需要,同时还要考虑到其价格和使用者可能遇到的危害等因素。例如,有无酸、碱和其他化学品的腐蚀,有无烫伤和烧伤的可能,有无被卷到机器中去的危险等。

(4) 皮肤防护。对于人身的皮肤防护,大部分可采用身体防护服防护。当无法使用防护服时，在工作前后可以使用护肤膏来保护皮肤。

5. 防护鞋

古人讲：千里之行，始于足下。脚是人的行动器官，是完成各项工作的首要条件，选用适宜的防护鞋防护好脚也是一项极其重要的工作。各种防护鞋的设计有其特殊的保护功能。普通的防砸鞋就是防止物体下落时对脚的砸伤，特别是对脚趾的保护。有的防护鞋用来防止脚底下的锐利物品穿透鞋底以保护脚掌。

用于建筑工程施工使用者的防护鞋，应当具有防水、防滑、防砸、绝缘、防静电等功能，同时鞋的尺寸要合适，使用者穿上要舒适。

6. 安全带及安全钩

安全带及安全钩是高处作业安全防护的用具，但不能以此取代防止高处坠落的其他安全措施，只是当无法使用平台及防护网时才能选择安全带及安全钩。安全带及安全钩的作用是限制下坠的高度，并且帮助开展救援工作。除了要求舒适及运动方便外，选择这种安全装置还必须考虑到系带人一旦坠落时，能够提供足够的防护。因此，在可能发生坠落的情况下，相对安全带而言，更应当选择安全钩。

安全带及安全钩的一端要固定在坚实的系留端上，它必须能够承受坠落的张力。一个基本原则就是把系留端固定在工作场所尽可能高的地方，这样可以限制下落的距离。安全带及安全钩在使用前，要根据制造商的说明进行检验，检验合格后方可使用。

三、建筑施工所用的安全设施

建筑施工所用的安全设施种类很多，这里仅介绍架子工在施工中最常用的安全帽、安全带和安全网。

1. 安全帽

(1) 安全帽的性能要求。安全帽由帽壳、帽衬和下颊带三部分组成。帽壳呈半球形,坚固、光滑并有一定弹性,打击物的冲击和穿刺动能主要由帽壳承受。帽壳和帽衬之间留有一定空间,可缓冲、分散瞬时冲击力,从而避免或减轻对头部的直接伤害。冲击性、耐穿刺性、侧向刚性、电绝缘性、阻燃性是对安全帽的基本技术性能的要求。其规格和主要性能要求见表 6-3。

表 6-3 安全帽的规格和主要性能要求

序号	项目名称	要求和规定
1	帽箍尺寸:小号、中号、大号	51~56mm、57~60mm、61~64mm
2	安全帽质量	安全帽的质量应尽可能减轻,一般不应超过 400g/个
3	帽檐尺寸	最小 10mm,最大 35mm,帽檐倾斜度为 20°~60°
4	帽舌尺寸	最小 10mm,最大 55mm
5	通气孔设置	在帽的两侧设通气孔
6	帽的颜色	以浅色或醒目的颜色为宜
7	佩戴时,帽衬顶端与帽壳内顶面的垂直距离	20~25mm
8	佩戴时,帽箍与帽壳内每一侧内的水平距离	5~20mm
9	佩戴高度(帽箍底边至头顶端的垂直距离)	80~90mm
10	冲击吸收性能	将经 4h 浸水处理的安全帽戴在头模上,用质量为 5kg 钢锤自 1m 高度落下进行冲击试验,头模所受冲击力的最大值不应超过 5kN
11	耐穿透性能	将经 4h 浸水处理的安全帽,用质量为 3kg 的钢锥从 1m 高度自由平稳下落冲击安全帽顶中心范围内的薄弱部分,穿刺后不应接触头模

(2)正确使用要求

①帽衬顶部与帽壳内顶必须保持 20~25mm 的空间,以吸收

下落物体的冲击能量，将冲击荷载均匀地分布在整个头部面积上，以减轻对头部的伤害。

②施工人员进入施工现场，必须系好下颌带，戴紧安全帽。如果不系下颌带，若碰到物体安全帽会脱落；如果不戴紧安全帽，一旦重物坠落在头部，安全帽会脱离头部，很可能产生严重后果。

③安全帽必须佩戴端正，如果佩戴不端正，一旦物体坠落头部受到冲击，就无法减轻对头部的伤害。

④依据帽壳的材料可划分为塑料安全帽、玻璃钢安全帽、胶质安全帽、竹编安全帽、铝合金安全帽。无论何种材料的安全帽，在使用过程中均会老化和损坏，要注意进行经常检查。发生开裂、下凹和严重磨损等情况时不得再使用。

2. 安全带

安全带是架子工及其他施工人员预防高处坠落伤亡的防护用品，主要由带子、绳子和金属配件组成。带子和绳子必须用锦纶、维纶、蚕丝等高抗拉强度的材料制成，金属配件应用普通碳素钢或铝合金制成。安全带的主要性能要求见表6-4。

表6-4 安全带的主要性能要求

序号	项目名称	要求和规定	破断负荷指标（kN）
1	腰带	必须是一整根，长度为1300~1500mm，宽度为40~50mm	14.709
2	护腰带	宽度不应小于80mm，长度为600~700mm	9.087
3	安全绳	直径不应小于13mm，绳头要编成3~4道加捻、加股插入，绳股不准有松紧	14.709
4	吊绳	直径不应小于16mm，绳头要求处理同安全绳	23.543
5	金属钩	自锁钩的卡齿钩在钢丝绳上时，硬度为60HRC；金属钩舌弹簧有效复原次数不少于2万次；钩体和钩舌的咬口必须平整，不得偏斜	小金属钩：11.767 大金属钩：9.087

表 6-5　安全网的主要技术要求

序号	项目名称	水平安全网	立式安全网
1	绳（线）材料	同一张安全网的所有绳（线）应当采用同一种材料	
2	绳（线）的湿干强度比	$\geqslant 75\%$	
3	尺寸要求	宽度$\geqslant$3m	高度$\geqslant$1.2m
4	每张安全网的质量	$\leqslant$15kg	
5	网目（即相邻两个绳结的距离）边长	$\leqslant$10cm	
6	网目线与边线的关系	菱形网目的对角线与对应的两边平行，方形网目的对角线或边与对应的网边平行	
7	边绳与系绳的直径	$\geqslant$2倍网绳直径，且$\geqslant$7mm	
8	边绳与系绳的断裂强力	$\geqslant$7354.5N	$\geqslant$2941.8N
9	相邻筋绳	距离30cm，断裂强力2941.8N	
10	网绳断裂强力	一般宜为1470.9~1961.2N	
11	试验绳	材料与网绳相同，数量为每张网上不少于8根，长度$\geqslant$1.5m	
12	冲击试验负载高度	10m	2m
13	冲击试验荷载及试验要求	承受质量为100kg、底面积为2800cm^2的模拟人形砂包冲击后，网绳、边绳和系绳均不得断裂	
14	缓冲性能	在吸收了5883.6J的能量后，网上的最大负荷不得超过8825.4N，最大的延伸量不超过1.5m	
15	网的允许负载高度	一般为$\leqslant$6m，施工需要时为6~10m	

续表

序号	项目名称	要求和规定	破断负荷指标（kN）
6	其他金属件	金属配件圆环、半圆环、三角环、8字环等不允许焊接，表面呈圆弧形，光洁；不得有麻点和裂纹	11.767

施工作业尤其是登高作业必须使用安全带。使用安全带首先要遵循"高挂低用"的原则，即安全带的悬挂位置要高于人员作业的位置，这样才能对人员起到保护作用。其次，悬挂安全带必须有可靠的锚固点，即安全带要挂在牢固可靠的地方。安全带使用达到规定的有效期后，要更新或检测，合格的才可以继续使用。

3. 安全网

建筑工程所用的安全网由网体、边绳、系绳和筋绳组成，如图6-1所示。根据设置的位置和作用不同，可分为水平安全网和立式安全网两种。水平安全网为水平安装的网，用于承接坠落的人或物；立式安全网为垂直安装的网，用于阻止人和物的闪出坠落。

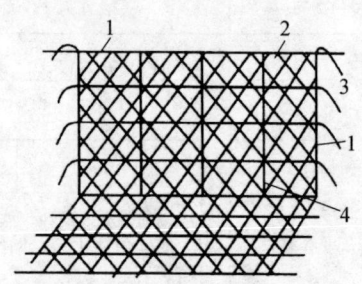

图6-1 安全网组成结构图
1—边绳；2—网体；3—系绳；4—筋绳

安全网的主要技术要求见表6-5，安全网架设的一般要求见表6-6。霉烂、腐朽、老化或有漏孔的安全网绝对不能用于工程。

表 6-6 安全网的架设要求

序号	项目名称	架设要求
1	安全网的安装形式	外高里低,坡度一般以 1∶5 为宜
2	里边与建筑物的距离	≤10cm
3	负载高度超过 6m 时的安全措施	附加钢丝绳缓冲
4	伸出宽度	负载高度≤5m 时,≥2.5m;负载高度 5～10m 时,≥3.0m
5	网的绷紧程度	不宜绷紧,安装后其宽度水平投影比网宽至少 0.5m 左右
6	网与下方物体表面的最小距离	≥3.0m

四、脚手架的安全防护

在脚手架上进行施工时,不仅施工场地狭窄、操作困难,而且高空作业对人身安全存在很大威胁。因此,脚手架必须有严密的安全防护措施,这是预防高处作业人员坠落和物体坠落伤人的重要环节。

脚手架的安全防护设施主要有铺设脚手板、围护安全网、设防护杆件、架体内封闭、设置斜道和卸料平台等。

(一) 铺设脚手板

脚手板是铺设在脚手架上的构件,可作为施工人员行走、作业、检查及完成其他工程管理活动的通道与作业平台。工程实践充分证明,脚手板在架体中不仅是供操作人员作业的台板,而且也是预防坠落伤害的保护设施。所以对其铺设应当满足平整性、便利性和安全性三大基本要求。

根据国家和行业搭设脚手架现行的标准规范《建筑施工门式钢管脚手架安全技术规范》(JGJ 128—2010)、《建筑施工扣件式钢管脚手架安全技术规范》(JGJ 130—2011)、《建筑施工附着升降脚手架管理暂行规定》和《建筑施工安全检查标准》等有关规定。在进行脚手板铺设时应符合下列要求：

（1）脚手板应铺满、铺稳、铺实，不得有探头板或弹簧板，离开墙面的距离应控制在120～150mm范围内。自顶层作业层的脚手板往下计，宜每隔12m左右满铺一层脚手板。

（2）竹笆脚手板片满铺层必须按主竹筋垂直于大横杆方向铺设，且采用对接平铺、满铺到位，不得留空隙或空位，不能满铺处必须采取有效防护措施。竹笆脚手片两端搁在里、外大横杆上，四个角应用直径1.2mm的镀锌铁丝固定。里、外大横杆中间增设等距离放置的钢管，其间距不应大于400mm，并用直角扣件与小横杆连接牢固作为搁栅，如果需要接长时，可采用搭接的方式。铺设脚手片的钢管表面应平整，使其形成的工作面无高低不平现象。铺竹笆脚手板时纵向水平杆构造，如图6-2所示。

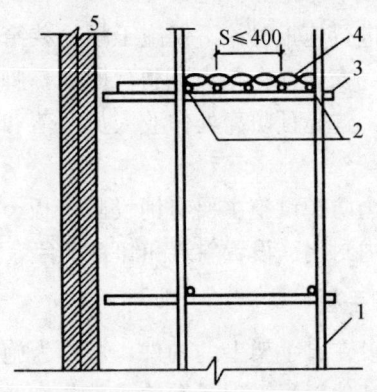

图6-2 铺竹笆脚手板时纵向水平杆构造
1—立杆；2—纵向水平杆；3—横向水平杆；
4—竹笆脚手板；5—其他脚手板

（3）脚手架上所用的竹笆脚手片，在铺设前必须进行质量检验，确保其完好无损，有编织散开、脱钉、断片等缺陷时不能使用，已在脚手架上使用的，发现有破损要及时进行更换，确保其安全、有效。

（4）冲压钢脚手板、木脚手板和竹串脚手板等，应设置在三根小横杆上。当脚手板的长度小于 2m 时，可采用两根小横杆支撑，但应将脚手板的两端与小横杆固定，防止倾翻。以上三种脚手板的铺设可采用对接平铺，也可采用搭接铺设。

脚手板外伸长应取 130～150mm，两块脚手板外延长度之和不应大于 300mm；脚手板搭接铺设时，接头必须支在小横杆上，搭接长度应大于 200mm，其伸出小横杆的长度不应小于 100mm。

（二）围护安全网

为确保施工安全，脚手架外侧必须设置安全网。安全网是建筑工程施工中不可缺少的重要防护设施。由于脚手架上作业面狭窄，高处作业受风力和环境条件等影响容易出现失误而坠落。为了增加高处作业人员的安全感，预防施工作业中的高处坠落和物体打击事故的发生，必须正确地使用好安全网。

安全网分为平网和立网两种。我国在《建筑施工安全检查标准》（JGJ59—2011）中，取消了建筑物外围使用平网，要求脚手架使用立网全封闭。立网全封闭的设置如图 6-3 所示。

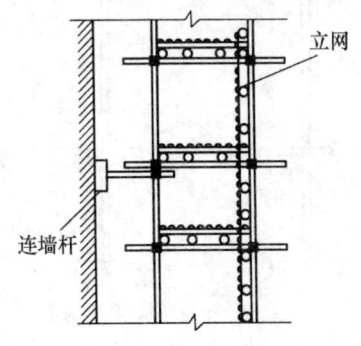

图 6-3　立网设置示意图

脚手架外侧张挂的密目式安全网，必须是经建设主管部门认证的合格产品。安全网应张挂固定在脚手架外立杆的里侧，不宜将安全网张挂在各杆件的外侧。安全网随脚手架的搭设而张挂,并且用不小于 18 号铅丝穿入安全网四周的绑扎孔,与上、下横杆绑扎牢固,两个安全网拼接处也要用铅丝穿过绑扎孔互相拼接,不允许留缝和绑扎不全。立网要绷紧、拉平,严禁擅自拆除或任意开口,并要防止网和网边绳被割破或撞破。对安全网要经常检查,发现有损坏,应及时修补或更换。

(三) 设防护杆件

在建筑工程的施工过程中,除了底层外,脚手架的各步层均应在立杆的内侧设置防护栏杆和踢脚杆或踢脚板。防护栏杆又称为护身栏杆,主要起到防止人员向外坠落的作用;踢脚杆或踢脚板可以预防人员滑倒而坠落。

钢管脚手架作业层的防护栏杆和踢脚杆或踢脚板,应搭设在外立杆的内侧。防护栏杆为上下两道,上栏杆的高度一般为 1.2m,中部栏杆处于上栏杆与踢脚杆或踢脚板的中间。踢脚杆的高度为离脚手板表面 30cm;若采用踢脚板,其高度不应小于 180mm。栏杆与踢脚板的构造如图 6-4 所示。

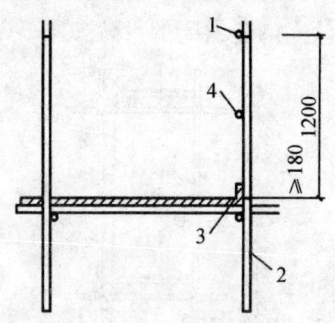

图 6-4 栏杆与踢脚板的构造
1—上栏杆;2—外立杆;3—踢脚板;4—中栏杆

双排脚手架的高度,里立杆应低于檐口 50cm,以便于檐口施工或上屋面施工。外立杆要比里立杆高,其中遇到平屋面,外立杆应高于檐口1~1.2m,坡屋面应高于1.5m以上。设置防护栏杆和踢脚杆以及安全网,都是防止人或物的坠落。

(四)架体内封闭

为确保在作业层施工人员的安全,脚手架的架体里立杆距墙体的距离不宜过大,其净距一般不大于20cm,如果大于20cm,必须铺设站人的脚手片。脚手架作业层里立杆与建筑物之间应进行封闭。

在作业层以下外架每隔3步以及底部,应当用密目式安全网或其他措施进行封闭,严防在施工过程中发生坠落事故。

(五)设通行斜道

为了满足施工作业人员上下脚手架进行操作和材料工具运输需要,阻止翻爬脚手架的不安全行为,外脚手架应设置上下行人兼材料运输的斜道。斜道又称为盘道、马道,在工程中常见的有"一"字形和"之"字形两种。"一"字形斜道,即设置一个跑段,用于架高不大于6m三步以下的脚手架;"之"字形斜道,用于多层、高层建筑高度大于6m的脚手架。斜道布置示意图,如图6-5所示。

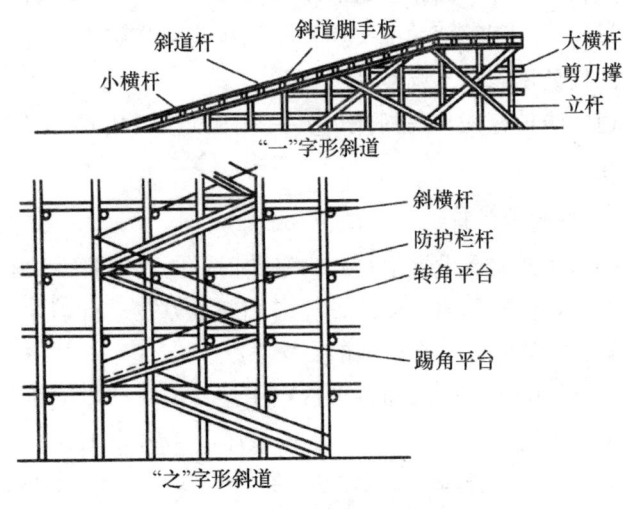

图6-5 斜道布置示意图

供上下行人用的斜道，应附着搭设在脚手架的外侧或在建筑物外侧设置。斜道的坡度一般不应大于 1∶3（高∶长），宽度不小于 1m，转角处设置面积不小 3m² 的平台，其宽度不应小于斜道的宽度。运料斜道的坡度应小于 1∶5，一般为 1∶5 或 1∶6，宽度不小于 1.5m，转角处设置面积不小 6m² 的平台，斜道均布活荷载不应低于 2kN/m。

斜道立杆应单独设置，不得借用脚手架的立杆，并应在垂直方向和水平方向每隔一步或一个纵距设一连接。斜道两侧、平台外侧和端部应设剪刀撑，并均应设高 1.2m 的防护栏杆和高 30cm 的踢脚杆或踢脚板，并用合格的密目式安全网封闭。运料斜道还应设置连墙杆，每两步加设水平斜杆及按规定设置横向斜撑。

斜道脚手片应自下而上逐块排齐挨紧，脚手片的表面应平整。当采用横向铺设时，应在横向水平杆下增设间距不大于 500mm 的纵向支托杆，并在脚手片上每隔 250～300mm 设一防滑条。防滑条宜采用厚度为 20～30mm 的方木。脚手片和防滑条均应用多道铅丝绑扎牢固，受力时不得出现下滑移位现象。当采用纵向铺设时，采用下面的板头压住上面板头的搭接方式接头，在板头的凸棱处用三角木调整平顺。

斜道的防护栏杆和踢脚杆，统一采用红白漆相间色，以起到醒目的作用。

（六）设卸料平台

双排脚手架需要设置吊物卸料平台时，为确保脚手架和卸料平台的安全，应按单独的设计计算书和搭设方案进行搭设，并应与脚手架、井架断开，有单独的支撑系统。

双排钢管脚手架吊物卸料平台应用型钢做支撑，预埋在建筑物内，不得采用钢管搭设。平台上铺设厚度 4cm 以上木板，并设置防滑条。临边设置高 1.2m 的防护栏杆和高 30cm 的踢脚杆，用合格的密目式安全网围护。

卸料平台的规格尺寸，应当根据施工需要并经过验算确定，一般情况下其宽度为 2～4m，悬挑长度为 3～6m。卸料平台有悬挑式和斜撑式两种，如图 6-6 所示。

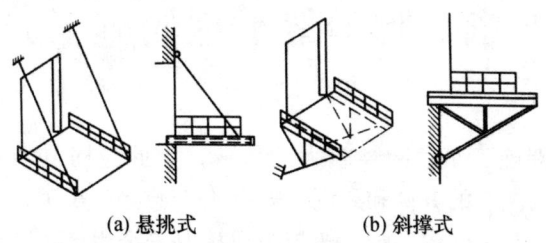

图 6-6　吊物卸料平台示意图

卸料平台在使用的过程中，必须严格控制上料数量，不得超过设计允许承载能力，必须在醒目的地方设置限载牌，运行前应经常检查吊索、吊环、花篮螺钉、挂钩、撑杆等情况。如有不符合要求的配件，应及时修理或更换。施工完毕不再需要时应及时拆除，补搭设好相关脚手架的杆件，并按规定张挂安全网。

第七章 脚手架工程的施工方案

脚手架施工是危险性较大的作业，因此应当贯彻"安全第一，预防为主"的方针和原则，安全生产始终是事关社会安定和发展大局的重大问题。脚手架施工要搞好安全生产：一要全体施工人员的安全意识强，对安全工作予以高度重视，真正体现"安全第一"；二要做好安全防护，对安全生产有预控措施，真正体现"预防为主"。

工程实践充分证明，没有施工安全技术方案、安全措施，或安全技术方案不具体，或不按安全技术方案施工，起不到预控作用，现场必然会产生安全隐患。施工安全技术方案编制、实施的好坏直接决定着现场安全防护是否到位，因此，脚手架的施工方案对工程质量和安全生产起着非常重要的作用，是施工项目管理中不可或缺的技术文件之一。

第一节 脚手架设置与使用的一般要求

脚手架的构架设计应充分考虑工程的使用要求、各种实施条件和因素，并符合以下各项规定：

一、构架尺寸规定

(1) 双排结构脚手架和装修脚手架的立杆纵距和水平杆步距应不大于 2.0m。

(2) 作业层距地（楼）面高度不小于 2.0m 的脚手架，作业层铺板的宽度不应小于：外脚手架为 750mm，里脚手架为 500mm。铺板边缘与墙面的间隙应不大于 300mm、与挡脚板间隙应不大于 100mm。当边侧脚手板不贴靠立杆时，应可靠固定。

二、连墙点设置规定

当架高≥6.0m 时，必须设置均匀分布的连墙点，其设置应符合以下规定：

(1) 门式钢管脚手架：当架高不大于 20m 时，不小于 50m² 一个连墙点，且连墙点的竖向间距应不大于 6m；当架高大于 20m 时，不小于 30m² 一个点，且连墙点的竖向间距应不大于 4m。

(2) 其他落地（或底支托）式脚手架：当架高不大于 20m 时，不小于 40m² 一个点，且连墙点的竖向间距应不大于 6m；当架高大于 20m 时，不小于 30m² 一个点，且连墙点的竖向间距应不大于 4m。

(3) 脚手架上部未设置连墙点的自由高度不得大于 6m。

(4) 当设计位置及其附近不能装设连墙件时，应采取其他可行的刚性拉结措施予以弥补。

三、整体性拉结杆件设置规定

脚手架应确保整体稳定和抵抗侧力作用的要求，按以下规定设置剪刀撑或其他相应作用的整体性拉结杆件。

(1) 周边交圈设置的单、双排木、竹脚手架和扣件式钢管脚手架，当架高为 6~25m 时，应于外侧面的两端和其间按不大于 15m 的中心距并自下而上连续设置剪刀撑；当架高大于 25m 时，应于外侧面满设剪刀撑。

(2) 周边交圈设置的碗扣式钢管脚手架，当架高为 9~25m 时，应按不小于其外侧面框格总数的 1/5 设置斜杆；当架高大于

25m 时，按不小于外侧面框格总数的 1/3 设置斜杆。

（3）门式钢管脚手架的两个侧面均应满设交叉支撑。当架高不大于 45m 时，水平框架允许间隔一层设置；当架高大于 45m 时，每层均满设水平框架。此外，架高不小于 20m 时，还应每隔 6 层加设一道双面水平加强杆，并与相应的连墙件层同高。

（4）"一"字形单双排脚手架按上述相应要求增加 50% 的设置量。

（5）满堂脚手架应按构架稳定要求设置适量的竖向和水平整体拉结杆件。

（6）剪刀撑的斜杆与水平面的交角宜在 45°～60° 之间，水平投影宽度应不小于 2 跨或 4m 和不大于 4 跨或 8m。斜杆应与脚手架基本构架杆件可靠连接，且斜杆相邻之间杆段的长细比不得大于 60。

（7）在脚手架立杆底端之上 100～300mm 处一律普遍设置纵向和横向扫地杆，并与立杆连接牢固。

四、杆件连接构造规定

脚手架的杆件连接构造符合以下规定：

（1）多立杆式脚手架左右相邻立杆和上下相邻平杆的接头应相互错开置于不同的构架框格内。

（2）搭接杆件接头长度：扣件式钢管脚手架应不小于 0.8m；木、竹脚手架应不小于搭接杆段平均直径的 8 倍和 1.2m。搭接部分的结扎应不少于 2 道，且结扎点间距应不大于 0.6m。

（3）杆件在结扎处的端头伸出长度应不小于 0.1m。

五、安全防（围）护规定

脚手架必须按以下规定设置安全防护措施，以确保架上作业和作业影响区域内的安全：

（1）作业层距地（楼）面高度不小于2.5m时，在其外侧边缘必须设置挡护高度不小于1.1m的栏杆和挡脚板，且栏杆间的净空高度应不大于0.5m。

（2）临街脚手架，架高不小于25m的外脚手架以及在脚手架高空落物影响范围内同时进行其他施工作业或有行人通过的脚手架，应根据需要采用外立面全封闭、半封闭以及搭设通道防护棚等适合的防护措施。

（3）架高9~25m的外脚手架，除执行（1）规定外，可视需要加设安全立网围护。

（4）挑脚手架、吊篮和悬挂脚手架的外侧面应按防护需要采用立网围护或执行（2）的规定。

遇有下列情况时，应按以下要求加设安全网：

（1）架高不小于9m、未作外侧面封闭、半封闭或立网封护的脚手架，应按以下规定设置首层安全（平）网和层间（平）网：

（2）首层网应距地面4m设置，悬出宽度应不小于3.0m。

（3）层间网自首网每隔3层设一道，悬出高度应不小于3.0m。

（4）外墙施工作业采用栏杆或立网围护的吊篮、架设高度不大于6m的挑脚手架、挂脚手架和附墙升降脚手架时，应于其下4~6m起设置两道相隔3.0m的随层安全网，其距外墙面的支架宽度应不小于3.0m。

（5）上下脚手架的梯道、坡道、栈桥、斜梯、爬梯等均应设置扶手、栏杆或其他安全防（围）护措施并清除通道中的障碍，确保人员上下的安全。

（6）采用定型的脚手架产品时，其安全防护配件的配备和设置应符合以上要求；当无相应安全防护配件时，应按上述要求增配和设置。

六、脚手架的计算规定

建筑施工脚手架，凡有以下情况之一者，必须进行计算或进行1∶1实架段的荷载试验，验算或检验合格后，方可进行搭设和使用：

（1）架高不小于20m，且相应脚手架安全技术规范没有给出不必计算的构架尺寸规定；

（2）实际使用的施工荷载值和作业层数不大于以下规定：结构脚手架施工荷载的标准值取 $3kN/m^2$，允许不超过2层同时作业；装修脚手架施工荷载的标准值取 $2kN/m^2$，允许不超过3层同时作业；

（3）全部或局部脚手架的形式、尺寸、荷载或受力状态有显著变化；

（4）作支撑和承重用途的脚手架；吊篮、悬吊脚手架、挑脚手架和挂脚手架；

（5）特种脚手架；尚未制定规范的新型脚手架；其他无可靠安全依据搭设的脚手架。

七、脚手架的搭设作业规定

（1）搭设场地应平整、夯实并设置排水措施。

（2）立于土地面之上的立杆底部应加设宽度≥200m、厚度≥50mm的垫木、垫板或其他刚性垫块，每根立杆的支垫面积应符合设计要求且不得小于 $0.15m^2$。

（3）底端埋入土中的木立杆，其埋置深度不得小于500mm，且应在坑底加垫后填土夯实。使用期较长时，埋入部分应作防腐处理。

（4）在搭设之前，必须对进场的脚手架杆配件进行严格的检查，禁止使用规格和质量不合格的杆配件。

（5）脚手架的搭设作业，必须在统一指挥下，严格按照以下规定程序进行：

①按施工设计放线、铺垫板、设置底座或标定立杆位置；

②周边脚手架应从一个角度开始并向两边延伸交圈搭设；"一"字形脚手架应从一端开始并向另一端延伸搭设。

③应按定位依次竖起立杆，将立杆与纵、横向扫地杆连接固定，然后装设第 1 步的纵向和横向水平杆，随校正立杆垂直之后予以固定，并按此要求继续向上搭设；

④在设置第一排连墙件前，"一"字形脚手架应设置必要数量的抛撑；以确保构架稳定和架上作业人员的安全。边长≥20m 的周边脚手架，亦应适量设置抛撑；

⑤剪刀撑、斜杆等整体拉结杆件和连墙件，应当随着搭设升高的架子一起及时设置；

⑥脚手架处于顶层连墙点之上的自由高度不得大于 6m。当作业层高出其下边墙件 2 步或 4m 以上、且其上尚无连墙件时，应采取适当的临时撑拉措施。

（6）脚手板或其他作业层板铺板的铺设应符合以下规定：

①脚手板或其他铺板应铺平铺稳，必要时应绑扎固定。

②脚手板采用对接平铺时，在对接处，与其下两侧支承横杆的距离应控制在 100～200mm 之间；采用挂扣式定型脚手板时，其两端挂扣必须可靠地接触支承横杆并与其扣紧。

③脚手板采用搭设铺设时，其搭接长度不得小于 200mm，且在搭接段的中部应设有支撑横杆。铺板严禁出现端头超出支承横杆 250mm 以上未做固定的探头板。

④长脚手板采用纵向铺设时，其下支撑横杆的间距不得大于：竹串片脚手板为 0.75m；木脚手板为 1.0m；冲压钢脚手板和钢框组合脚手板为 1.5m（挂扣式定型脚手板除外）。纵铺脚手板应按以下规定部位与其下支承横杆绑扎固定：脚手架的两端和

拐角处；沿板长方向每隔15~20m；坡道的两端；其他可能发生滑动和翘起的部位。

⑤采用以下板铺设架面时，其下支撑杆件的间距不得大于：竹笆板为400m，七合板为500m。

（7）当脚手架下部采用双立杆时，主立杆应沿其竖轴线搭设到顶，辅立杆与主立杆之间的中心距不得大于200m，且主辅立杆必须与相交的全部平杆进行可靠连接。

（8）用于支托挑、吊、挂脚手架的悬挑梁、架必须与支承结构可靠连接。其悬臂端应有适当的架设起拱量，同一层各挑梁、架上表面之间的水平误差不大于20mm，且应视需要在其间设置整体拉结体，以保持整体稳定。

（9）装设连墙件或其他撑拉杆件时，应注意掌握撑拉的松紧程度，避免引起杆件和整架的显著变形。

（10）工人在架上进行搭设作业时，作业面上宜铺设必要数量的脚手板并临时固定。工人必须戴安全帽和佩挂安全带。不得单人进行装设较重杆配和其他易发生失衡、脱手、碰撞、滑跌等不安全的作业。

（11）在搭设中不得随意改变构架设计、减少杆配件设置和对立杆纵距作$\geq$100mm的构架尺寸放大。确有实际情况，需要对构架作调整和改变时，应提交技术主管人员解决。

八、脚手架的验收标准规定

（1）构架结构符合前述的规定和设计要求，个别部位的尺寸变化应在允许的调整范围之内。

（2）节点的连接可靠。其中扣件的拧紧程度应控制在扭力矩达到40~60N·m；碗扣应盖扣牢固（将上碗扣拧紧）；8号钢丝十字交叉扎点应拧1.5~2圈后箍紧，不得有明显扭伤，且钢丝在扎点外露的长度应$\geq$80mm。

(3) 钢架手架立杆垂直度应≤1/300，且应同时控制其最大垂直偏差值：当架高≤20m 时不大于 50mm；当架高＞20m 时为不大于 75mm。木、竹脚手架的搭设立杆按全架高中心线检查，其垂直偏差应控制在 2 倍钢立杆直径的允许偏差范围内。

(4) 纵向钢平杆的水平偏差应≤1/250，且全架长的水平偏差值不大于 50mm。木、竹脚手架的搭接平杆按全长的上皮走向线（即各杆上皮线的折中位置）检查，其水平偏差应控制在 2 倍钢平杆的允许范围内。

(5) 作业层铺板、安全防护措施等应符合上述要求。

九、脚手架的使用规定

(1) 作业层每 $1m^2$ 架面上实用的施工荷载（人员、材料和机具质量）不得超过以下的规定值或施工设计值；

(2) 施工荷载（作业层上人员、器具、材料的质量）的标准值，结构脚手架采取 $3kN/m^2$；装修脚手架取 $2kN/m^2$；吊篮、桥式脚手架等工具式脚手架按实际值取用，但不得低于 $1kN/m^2$。

(3) 在架板上堆放的标准砖不得多于单排立码 3 层；砂浆和容器总重不得大于 1.5kN；施工设备单重不得大于 1kN，使用人力在架上搬运和安装的构件的自重不得大于 2.5kN。

(4) 在架面上设置的材料应码放整齐稳固，不影响施工操作和人员通行。按通行手推车要求搭设的脚手架应确保车道畅通。严禁上架人员在架面上奔跑、退行或倒退拉车。

(5) 作业人员在架上的最大作业高度应以可进行正常操作为度，禁止在架板上加垫器物或单块脚手板以增加操作高度。

(6) 在作业中，禁止随意拆除脚手架的基本构架杆件、整体性杆件、连接紧固件和连墙件。确因操作要求需要临时拆除时，必须经主管人员同意，采取相应弥补措施，并在作业完毕后，及时予以恢复。

(7) 工人在架上作业中，应注意自我安全保护和他人的安全，避免发生碰撞、闪失和落物。严禁在架上戏闹和坐在栏杆上等不安全处休息。

(8) 任何人上下脚手架必须走设安全防护的出入通（梯）道，严禁攀援脚手架上下。

(9) 每班工人上架作业时，应先行检查有无影响安全作业的问题存在，在排除和解决后方可开始作业。在作业中发现有不安全的情况和迹象时，应立即停止作业进行检查，解决以后才能恢复正常作业；发现有异常和危险情况时，应立即通知所有架上人员撤离。

(10) 在每步架的作业完成之后，必须将架上剩余材料物品移至上（下）步架或室内；每日收工前应当清理架面，将架面上的材料物品堆放整齐，垃圾清运出去；在作业期间，应及时清理落入安全网内的材料和物品。在任何情况下，严禁自架上向下抛掷材料物品和倾倒垃圾。

十、模板支撑架和特种脚手架的规定

（一）模板支撑架的规定

使用脚手架杆配件搭设模板支撑和其他重载架时，应遵守以下规定：

(1) 使用门式钢管脚手架构配件搭设模板支撑架和其他重载架时，数值≥5kN 集中荷载的作用点应避开门架横梁中部1/3架宽范围，或采用加设斜撑、双榀门架重叠交错布置等可靠措施；

(2) 使用扣件式和碗扣式钢管脚手架杆件支撑架和其他重载架时，作用于跨中的集中荷载应不大于以下规定值：相应于 0.9m、1.2m、1.5m 和 1.8m 跨度的允许值分别为 4.5kN、3.5kN、2.5kN 和 2kN；

(3) 支撑架的构架必须按确保整体稳定的要求设置整体性拉

结杆件和其他撑拉、连墙措施。并根据不同的构架、荷载情况和控制变形的要求，给横杆件以适当的起拱量；

（4）支撑架高度的调节宜采用可调底座或可调顶托解决。当采用搭接立杆时，其旋转扣件应按总抗滑承载力不小于 2 倍设计荷载设置，且不得少于 2 道；

（5）配合垂直运输设施设置的多层转运平台架应按实际使用荷载设计，严格控制立杆间距，并单独构成架体和设置连墙、撑拉措施，禁止与脚手架的杆件共用；

（6）当模板支撑架和其他重载架设置上人作业面时，应按前述规定设置安全防护。

（二）特种脚手架的规定

凡不能按一般要求搭设的高耸、大悬挑、曲线形和提升等特种脚手架，应遵守下列规定：

（1）特种脚手架只有在满足现行规范要求时，才能按所需高度和形式进行搭设；

（2）按确保承载可靠和使用安全要求经严格设计计算。在设计时必须考虑风荷载的作用；

（3）有确保达到构架要求质量的可靠措施；

（4）脚手架的基础或支撑结构物必须具有足够的承受能力；

（5）有严格确保安全使用的实施措施和规定。

（6）在特种脚手架中用于挂扣、张紧、固定、升降的机具和专用加工件，必须完好无损和无故障，且应有适量的备用品，在使用前和使用中应加强检查，以确保其工作安全可靠。

十一、脚手架对基础的要求

良好的脚手架底和基础（或地基）对脚手架的安全极为重要，在搭设脚手架时，必须加设底座、垫木（板）或基础并对地基进行处理。

脚手架对基础的一般要求包括以下几方面：

（1）脚手架地基应平整夯实；

（2）脚手架的钢立柱不能直接立于土地面上，应加设底座和垫板（或垫木）。垫板（木）厚度不小于50mm；

（3）遇有坑槽时，立杆应下到槽底或在槽上加设底梁（一般可用枕木或型钢梁）；

（4）脚手架地基应有可靠的排水措施，防止积水浸泡地基；

（5）脚手架旁有开挖的沟槽时，应控制外立杆距沟槽边的距离：当架高在30m以内时，不小于1.5m；架高为30～50m，不小于2.0m；架高在50m以上时，不小于3.0m。当不能满足上述距离时，应核算土坡承受脚手架的能力，不足时可加设挡土墙或其他可靠支护，避免槽壁坍塌危及脚手架安全；

（6）位于通道处的脚手架底部垫木（板）应低于其两侧地面，并在其上加设盖板；避免扰动。

十二、脚手架的拆除规定

在进行脚手架拆除时，拆除前必须认真做好准备工作，为顺利拆除打下良好的基础；拆除中关键应符合安全要求，以确保拆除操作中的安全。

（一）拆除前的准备工作

（1）全面检查脚手架的扣件连接、连墙件、支撑体系是否符合安全要求；

（2）根据检查结果，补充完善施工设计中的拆除程序，并经批准后实施；

（3）拆除安全技术措施应交底到每一个作业人员；

（4）清除脚手架上的材料、杂物及地面障碍物，并将受其影响的机电设备及其他管线等拆除或加以保护。

（二）脚手架拆除安全要求

（1）脚手架的拆除应当按照从上而下的顺序逐层进行，严禁上下层同时进行拆除。

（2）拆下的架杆、连接件、脚手板等材料，应采用溜放和吊运的方式，严禁向下投掷。已卸（解）开的脚手杆和脚手板，应一次性全部拆完。

（3）所有连墙件应随脚手架逐层拆除，严禁先将连墙件整层或数层拆除后再拆脚手架；分段拆除高差不应大于 2 步，如高差大于 2 步应增设连墙件加固。

（4）当脚手架拆至下部最后一根长钢管的高度时，根据现场需要先在适当位置搭临时支撑加固，后拆连墙件。

（5）当脚手架采取分段分立面拆除时，对不拆除的脚手架两端应先设置连墙件和横向支撑加固。

（6）各构配件必须及时分段集中运至地面，严禁采取抛扔方式；脚手架拆除后，必须做到工完场清，材料堆放整齐、安全稳定，并及时转运。

（7）运至地面的构配件应按规定的要求及时检查整修与保养，并按品种、规格随时堆码存放，置于干燥通风处，防止锈蚀。

第二节　脚手架施工方案的编制

脚手架施工技术方案应依据国家和各级政府颁发的有关的法律、法规，行业的有关规范、规程和制度，同时结合企业的相关规定进行编制，将脚手架的施工技术和安全管理工作纳入到整个施工项目管理的运行之中。针对工程特点、施工方法、施工程序及周围的作业环境，从技术上采取具体有效的安全措施。

一、施工方案的编制内容

施工方案的编制是施工组织设计中的重要组成内容,是决定工程施工质量优劣和是否顺利的关键。在拟订施工方案时,应着重研究以下几个方面内容:确定工程各施工过程的施工顺序;确定主要施工过程的施工方法;确定施工中适用的施工机械;确定工程施工的流水组织等。

(一) 施工顺序的确定

一般建筑工程的施工顺序是:先地下,后地上;先土建,后设备;先主体,后围护;先结构,后装修。明确这样的施工顺序后,就可以按照施工顺序进行各项施工准备工作,合理安排各阶段、各工程的施工及相互之间的协作配合。

混合结构民用建筑施工顺序如图 7-1 所示,单层工业厂房的施工顺序如图 7-2 所示。

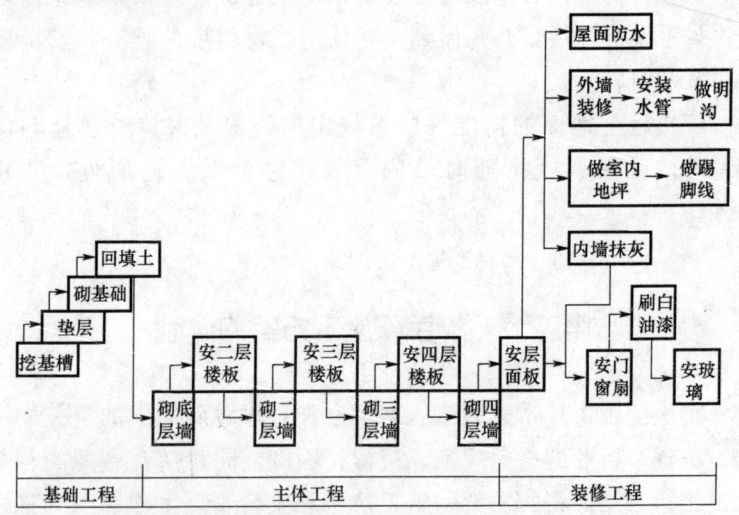

图 7-1 混合结构民用建筑施工顺序

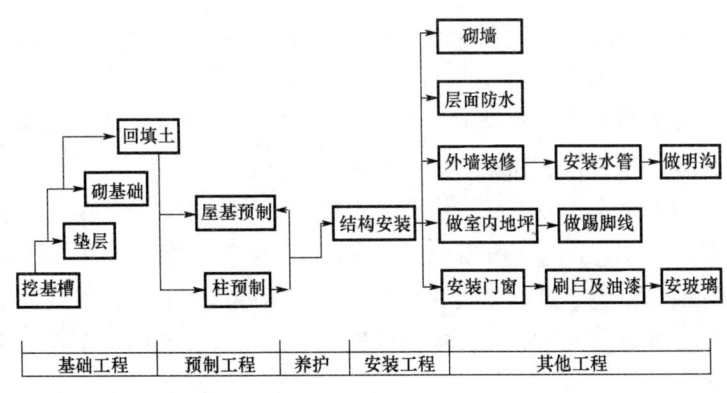

图 7-2 单层工业厂房的施工顺序

(二) 施工方法和施工机械的选择

正确地选择施工方法和施工机械是编制各种施工方案的关键。施工方法和施工机械直接影响到施工速度、工程质量、施工安全和工程成本。应从若干种施工方案中选择适合本工程的最先进、最合理、最经济的施工方法和施工机械,达到降低成本、提高劳动生产率的目的。

施工方法的选择取决于工程特点、工期要求、施工机械的使用和施工工艺、作业环境等因素,不同类型工程的施工方法有很大的差异,脚手架的搭设也随着有所不同。在拟定施工方法的同时,还应当明确指出该施工项目的质量标准,以及确保工程质量和施工安全的技术措施。

(三) 确定工程施工组织

任何建筑工程,从一个大型项目到一个小的建筑或构筑物的施工,都可以分解成许多施工过程,而每一个施工过程通常由一个或多个专业施工队(组)负责进行施工。每一个工程的施工活动中,既包括劳动力和机械设备的调配问题,也包括建筑材料和构(配)件的供应等问题,其中最基本的部分是劳动力的组织安排问题。劳动力组织安排的不同，便构成不同的施工方法。

1. 施工作业方式类型

通常情况下，建筑工程常采用的施工作业方式，可归纳为依次作业、平行作业和流水作业三种类型。

(1) 依次作业方式。依次施工作业的组织方式是将拟建工程项目的整个建造过程分解成若干个施工过程，按照一定的施工顺序，前一个施工过程完成后，后一个施工过程才开始施工的作业组织方式。依次作业方式是一种最基本的、最原始的施工作业组织方式。

依次作业方式具有以下特点：

①没有充分利用工作面进行施工，(总) 工期较长；

②每天投入施工的劳动力、材料和机具的种类比较少，有利于资源供应的组织工作；

③施工现场的组织、管理比较简单，也不易出现工种之间交叉和相互影响；

④不强调分工协作，若由一个作业队完成全部施工任务，不能实现专业化生产，不利于提高劳动生产率；

⑤若按工艺专业化原则成立专业作业队（班组），各专业队不能连续作业，劳动力和材料的使用可能不均衡。

(2) 平行作业方式。所谓的平行作业就是指两个人以上共同从事切换动作。也就是在同一施工场所，使尽可能多的工种在相互配合、相互制约的条件下同时进行各种作业。平行作业最容易马上获得缩短作业时间的效果。

平行作业方式具有以下特点：

①充分利用了工作面进行施工，施工总工期较短，在允许的条件下可以提前完成相应的工程；

②由于每天同时投入施工的劳动力、材料和机具数量较大，从而会严重影响资源供应的组织工作；

③如果各工作面之间需共用某种资源时,施工现场的组织管理比较复杂,协调工作量也比较大;

④这种作业方式不强调分工协作,此点与顺序作业法相同。这种方法的实质是用增加资源的方法来达到缩短(总)工期的目的,一般适用于需要突击性施工时施工作业的组织。

(3) 流水作业方式。流水作业是比较先进的一种作业方法,以施工专业化为基础,将不同工程对象的同一施工工序交给专业施工队执行,各专业队在统一计划安排下,依次在各个作业面上完成指定的操作。

流水作业方式具有以下特点:

①必须按工艺专业化原则成立专业作业队(班组),实现了专业化生产,有利于提高劳动生产率,保证工程质量;

②专业化作业队能够连续作业,相邻作业队的施工时间能最大限度地搭接;

③尽可能地利用了工作面进行施工,工期比较短;

④每天投入的资源量较为均衡,有利于资源供应的组织工作;

⑤需要较强的组织管理能力。这种方法可以充分利用工作面,有效地缩短工期,一般适用于工序繁多、工程量大而又集中的大型构筑物的施工。

上述三种作业方式通过工程实践证明,流水作业方式是组织工程施工的有效方法,因此,在条件允许的情况下,应尽量采用这种作业方式。

2. 组织流水作业的基本要求

(1) 将施工对象按其所包含的工作内容不同划分为若干个施工过程,也就是划分为若干个工作性质相同的分部、分项工程或工序。

(2) 对各个施工过程进行劳动组织分工,即为各施工过程组织相应的专业队（组），具体负责该施工过程的施工作业。

（3）在空间上将施工对象（整个建筑工程、建筑物或分部工程）划分为工程相等或大致相等的若干个施工段。

（4）建立科学的生产计划，确定每一个施工过程的延续时间。

（5）通过流水过程的时间计算，组织各个施工过程之间的合理搭接。

（6）使各个专业队（组）按照一定的施工工艺程序，依次地、连续地在各个施工段上完成各自的工作，并且有些专业队（组）能在同一时间的不同空间上平行进行作业。

二、编制搭设脚手架的施工方案

在建筑工程中脚手架的种类很多，各自具有不同的特点和施工方法，但在施工中究竟采用哪种脚手架应从实际出发。具体地讲，要根据工程量大小、建筑结构形式、装修方面要求、施工工期长短、脚手架所用材料、施工机械设备、施工现场条件、施工劳动组织、各工种配合情况等，确定采用脚手架的种类、搭设顺序和具体方法。

无论采用何种脚手架，其编制施工方案的基本原则和要点是基本相同的。

（一）编制脚手架施工方案的基本原则和依据

1. 房屋建筑施工外脚手架

（1）所搭设的脚手架要具有足够的长度、宽度和高度，以满足工人进行操作、材料堆放和人行通道及运输的需要。

（2）所搭设的脚手架应确保安全的要求，必须具有良好的坚固性和稳定性，保证在整个施工期内，在各种荷载作用和因素的影响下，不变形、不倾斜、不摇晃、安全可靠。

（3）所搭设的脚手架要做到构造简单、搭设方便、拆除容易、易于搬运,并能多次周转使用,以降低工程造价。

(4) 所搭设的脚手架要尽量考虑节约脚手架的用料。

(5) 脚手架为建筑工程的辅助工程,其搭设的进度要求和其他工序相配合,保证工程的各项施工有秩序、有节奏、按时完成。

2. 高层建筑施工外脚手架

(1) 高层建筑的外脚手架必须具有可靠的安全性,有防御意外情况的切实措施,使高处作业人员和外脚手架影响范围内的人员的人身安全有可靠保证。

(2) 高层建筑的外脚手架,应能满足高层建筑施工操作和施工进度的要求,具有较强的适用性。

(3) 高层建筑的外脚手架施工方案的选择依据,主要有以下几方面:

①当建筑高度不超过 40m 时,用于涂料、干粘石或水刷石饰面等施工的外脚手架,宜选用挂架、吊篮架和插接式框架钢管脚手架。

②当建筑物外立面凹凸不大于 1m 时,可采用桥式脚手架。

③高层房屋围护结构采用砖砌体,装饰工程采用贴面砖,施工荷载较大时,可采用扣件式钢管脚手架。

④当建筑物的高度超过 40m 时,应沿建筑物长度方向分段,可采用吊撑或悬挑一次或几次搭设扣件式钢管脚手架。

⑤当建筑物的总高度不超过 60m,层高低于 3m 时,可采用上吊式扣件钢管桁架或斜撑钢管加拉杆的脚手架。

⑥当建筑物的柱、梁、剪力墙为现浇钢筋混凝土结构,且层高低于 3m 时,可选用三角形钢架脚手架。

(二) 编制脚手架施工方案的基本要点

(1) 审核图纸及了解建筑物总体情况

①通过建筑平面图了解建筑物的平面情况,主要包括平面形

式、建筑物长度、进深尺寸、开间数量、每个开间的平面尺寸等。

②通过建筑立面图了解建筑物的立面情况，主要包括建筑总高度、建筑物层数、每层的高度、立面有无高低跨、屋顶的形式、阳台及外墙的装饰要求等。

(2) 根据施工组织设计要求选用脚手架

①了解施工组织设计对脚手架施工提出什么具体要求。例如施工中采用内脚手架还是采用外脚手架，进行外墙装修是否需要采用吊篮架子，在某些特定部位是否需要采用悬挑脚手架等。

②根据施工要求、施工地点和施工条件，具体确定脚手架的种类。例如，外脚手架采用多立杆式脚手架时，是使用杉木篙搭设，还是使用扣件式或碗扣式钢管脚手架，或者使用毛竹脚手架；如使用条件许可，是否可采用框式脚手架或桥式脚手架。

(3) 了解项目施工具体情况，安排脚手架的施工步骤和施工方法

①掌握工程项目施工进度和分段流水施工的具体时间要求，了解施工中有哪些工种需要在脚手架上作业。掌握这些情况后，就可以根据不同的时间要求、不同的使用要求，安排脚手架的施工步骤和施工方法。

②根据工程实际情况和采用的脚手架类型，提出搭设脚手架的安全技术措施。

(4) 针对拟建的整个工程，计算脚手架的施工工程量和所需要的材料、机具数量，以及劳动力的用工数量，并提出相应的计划、进场时间和完成日期，做到有计划、有步骤科学施工。

第三节　碗扣式钢管脚手架施工方案

碗扣式钢管脚手架，用带齿碗扣接头连接各种杆件，采用

$\phi 48mm \times 3.5mm$ Q235A 级焊接钢管做主构件，立杆和顶杆是在一定长度的钢管上每隔 60cm 安装一套碗扣接头制成，碗扣分上碗扣和下碗扣，下碗扣焊在钢管上，上碗扣对应地套在钢管上，其销槽对准焊在钢管上的限位销即能上、下滑动。横杆是在钢管两端焊接横杆接头制成，连接时只需将横杆接头插入下碗内，将上碗扣沿限位销扣下，并按顺时针旋转，靠上碗扣螺旋面使之与限位销顶紧，从而将横杆和立杆牢固地连接在一起，形成框架结构。每个下碗扣内可同时装 4 个横杆接头，位置任意。

一、主要构配件

（1）立杆。立杆是脚手架的主要受力杆件，顶端焊有连接套管，长度有 1.2m、1.8m、2.4m 和 3m 四种标准规格，还有长度 1.5m、0.9m 和 0.6m 等非标规格。

（2）横杆。横杆是组成框架的横向连接杆件，由一定长度的钢管两端焊接横杆接头制成，长度有 1.8m、1.5m、1.2m、0.9m、0.6m、0.3m 六种规格。

（3）间横杆。间横杆是钢管两端焊有插卡装置的专门用于脚手板下方的横杆，有 0.9m 和 1.2m 两种。

（4）专用外斜杆。专用外斜杆是一种两端有旋转式接头的斜向杆件，是为增强脚手架稳定强度而设计的，是脚手架外侧专用系列杆件，有五种规格分别适用于五种框架平面。

（5）专用斜杆。专用斜杆包括：钢管两端焊有连接件的水平连接斜杆和双排脚手架两立杆之间的竖向斜杆（也称廊道斜杆）。

（6）底座。底座是安装立杆根部，防止立杆下沉，并将上部荷载分散传递给地基基础的构件。常用规格有两种，一种不可调，另一种可调，可调长度有 30cm、45cm 和 60cm 三种规格。

（7）辅助构件。主要有专用脚手板、斜道板、挡脚板、挑梁、架梯等。

(8) 用于连接的辅助构件。主要有立杆、连接销、直角撑、连墙撑、高层拉接杆等。

(9) 其他用途辅助构件。主要有托撑、立杆可调支撑、横托撑、可调横托撑、安全网支架等。

(10) 专用构件。主要有窄挑梁、宽挑梁等。

二、制作质量要求

(1) 碗扣式钢管脚手架钢管规格应为 $\phi 48mm \times 3.5mm$，钢管壁厚应为 $3.50+0.25mm$。

(2) 立杆连接处外套管与立杆间隙应小于或等于 2mm，外套管长度不得小于 160mm，外伸长度不得小于 110mm。

(3) 钢管焊接前应调直除锈，钢管直线度应小于 $1.5L/1000$（L 为使用钢管的长度）。

(4) 焊接应在专用工作装置上进行。

(5) 主要构配件的制作质量及形位公差要求，应符合现行规范的规定。

(6) 构配件外观质量应符合下列要求：

①钢管应平直光滑、无裂纹、无锈蚀、无分层、无结巴、无毛刺等，不得采用横断面接长的钢管；

②铸造件表面应光整，不得有砂眼、缩孔、裂纹、浇冒口残余等缺陷，表面粘砂应清除干净；

③冲压件不得有毛刺、裂纹、氧化皮等缺陷；

④各焊缝应饱满，焊药应清除干净，不得有未焊透、夹砂、咬肉、裂纹等缺陷；

⑤构配件防锈漆涂层应均匀，附着应牢固；

⑥主要构配件上的生产厂标识应清晰。

(7) 架体组装质量应符合下列要求：

①立杆的上碗扣应能上下窜动、转动灵活，不得有卡滞

现象；

②立杆与立杆的连接孔处应能插入直径 10mm 连接销；

③碗扣节点上应在安装 1～4 个横杆时，上碗扣均能锁紧。

(8) 可调底座底板的钢板厚度不得小于 6mm，可调托撑钢板厚度不得小于 5mm。

(9) 可调底座及可调托撑丝杆与调节螺母啮合长度不得少于 6 扣，插入立杆内的长度不得小于 150mm。

(10) 主要构配件性能指标应符合下列要求：

①上碗扣抗拉强度不应小于 30MPa；

②下碗扣组焊后剪切强度不应小于 60MPa；

③横杆接头剪切强度不应小于 50MPa；

④横杆接头焊接剪切强度不应小于 25MPa；

⑤底座抗压强度不应小于 100MPa。

三、架体的施工方案

架体施工方案设计应包括下列内容：

(1) 工程概括：工程名称、工程结构、建筑面积、高度、平面形状及尺寸等。

(2) 架体结构设计和计算顺序：第一步：制订方案；第二步：绘制架体结构图（平、立、剖）及计算简图；第三步：荷载计算；第四步：最不利立杆、横杆及斜杆承载力验算，连墙件及地基承载力验算。

(3) 确定各个部位斜杆的连接措施及要求，模板支撑架应绘制立杆顶端及底部节点构造图。

(4) 说明结构施工流水步骤，架体搭设、使用和拆除方法。

(5) 编制构配件用料表及供应计划。

(6) 确定搭设质量及安全的技术措施。

四、双排脚手架构造要求

（1）双排脚手架的搭设应根据连墙件的距离、荷载的大小、封闭的不同以及风压的变化、立杆的间距、横杆步距的不同，严格按规范要求控制搭设高度。

（2）当曲线布置的双排脚手架组架时，应按曲率要求使用不同长度的内外横杆组架，曲率半径应大于 2.4m。

（3）当双排脚手架拐角为直角时，宜采用横杆直接组架；当双排脚手架拐角处为非直角时，可采用钢管扣件组架。

（4）双排脚手架首层立杆应采用不同的长度交错布置，底层纵、横向横杆作为扫地杆距地面高度应小于或等于 350mm，严禁施工中拆除扫地杆，立杆应配置可调底座或固定底座。

（5）双排脚手架专用外斜杆设置应符合下列规定：

①斜杆应设置在有纵、横向横杆的碗扣节点上；

②在封圈的脚手架拐角处及一字形脚手架端部应设置竖向通高斜杆；

③当脚手架高度小于或等于 24m 时。每隔 5 跨应设置一组竖向通高斜杆；当脚手架高度大于 24m 时，每隔 3 跨应设置一组竖向通高斜杆；斜杆应对称设置；

④当斜杆临时拆除时，拆除前应在相邻立杆间设置相同数量的斜杆。

（6）当采用钢管扣件作斜杆时应符合下列规定：

①斜杆应每步与立杆扣接，扣接点距碗扣节点的距离不应大于 150mm；当出现不能与立杆扣接时，应与横杆扣接，扣件扭紧力矩应为 40~65N·m；

②纵向斜杆应在全高方向设置成八字形且内外对称，斜杆间距不应大于 2 跨。

（7）连墙件的设置应符合下列规定：

①连墙件应水平设置,当不能水平设置时,与脚手架连接的一端应下斜连接;

②每层连墙件应在同一平面,其位置应由建筑结构和风荷载计算确定,且水平间距不应大于 4.5m;

③连墙件应设置在有横向横杆的碗扣节点处,当采用钢管扣件做连墙件时,连墙件应与立杆连接,连接点距碗扣节点距离不应大于 150mm;

④连墙件应采用可承受拉、压荷载的刚性结构,连接应牢固可靠。

(8) 当脚手架高度大于 24m 时,顶部 24m 以下所有的连墙件层必须设置水平斜杆,水平斜杆应设置在纵向横杆之下。

(9) 脚手板设置应符合下列规定:

①工具式钢脚手板必须有挂钩,并带有自锁装置与廊道横杆锁紧,严禁浮放;

②冲压钢脚手板、木脚手板、竹串片脚手板,两端应与横杆绑牢,作业层相邻两根廊道横杆间应加设间横杆,脚手板探头长度应小于或等于 150mm。

(10) 人行通道坡度宜小于或等于 1∶3,并应在通道脚手板下增设横杆,通道可折线上升。

(11) 脚手架内立杆与建筑物距离应小于或等于 150mm;当脚手架内立杆与建筑物距离大于 150mm 时,应按需要分别选用窄挑梁或宽挑梁设置作业平台。挑梁应单层挑出,严禁增加层数。

五、脚手架的施工组织

(1) 双排脚手架及模板支撑架施工前必须编制专项施工方案,并经批准后,方可实施。

(2) 双排脚手架搭设前,施工管理人员应按双排脚手架专项施工方案的要求对操作人员进行技术交底。

（3）对进入现场的脚手架构配件，使用前应对其质量进行复检。

（4）对经检验合格的构配件应按品种、规格分类放置在堆料区内或码放在专用架上，清点好数量备用；堆放场地排水应畅通，不得有积水。

（5）当连墙件采用预埋方式时，应提前与相关部门协商，按设计要求预埋。

（6）脚手架搭设场地必须平整、坚实、有排水措施。

六、脚手架的基础处理

脚手架搭设前，首先根据荷载等情况验算地基承载力，确定地基的处理方法。一般立杆底座位置沿架体纵向通长铺板。并根据季节、地势情况，设置排水沟，以防地基积水，引起脚手架不均匀沉陷。当地基高差较大时，可利用立杆 0.6m 节点差进行调整。

七、脚手架的搭设工艺

（1）根据架体设计确定的立杆间距，在处理好的基础垫板上安放立杆底座（立杆底座或立杆可调底座），然后将立杆插在底座上，立杆应采用 3m 和 1.8m 两种不同长度立杆交错、参差布置，上面各层均采用 3m 长立杆接长，顶部再用其他长度立杆找齐，（或同一层用同一种规格立杆，最后找齐），以避免立杆接头处于同一水平面上。架设在结实平整的地基基础上的脚手架，可直接用立杆底座。地势不平或高层及承重载的脚手架底部应用可调底座。

（2）碗扣式脚手架的底层组架最为关键，其组装的质量好坏直接影响到整体脚手架的质量，因此要严格控制搭设质量。当组装完两层横杆后,应检查调整水平框架的直角度和纵向直线度,同时要检查横杆的水平度,并检查立杆底脚,保证立杆不悬空,底座不松动。当底层架子符合搭设要求后,检查所有碗扣接头,并锁紧。

(3) 底座和垫板应准确地放置在定位线上;垫板宜采用长度不少于立杆两跨、厚度不小于50mm的木板;底座的轴心线应与地面垂直。

(4) 双排脚手架搭设应按立杆、横杆、斜杆、连墙件的顺序逐层搭设,底层水平框架的纵向直线度偏差应小于1/200架体长度;横杆间水平度偏差应小于1/400架体长度。

(5) 双排脚手架的搭设应分阶段进行,每段搭设后必须经检查验收合格后,方可投入使用。

(6) 双排脚手架的搭设应与建筑物的施工同步上升,并应高于作业面1.5m。

(7) 当双排脚手架高度 H 小于或等于30m时,垂直度偏差应小于或等于 $H/500$;当高度 H 大于30m时,垂直度偏差应小于或等于 $H/1000$。

(8) 当双排脚手架内外侧加挑梁时,在一跨挑梁范围内不得超过一名施工人员操作,严禁堆放物料。

(9) 连墙件必须随双排脚手架升高及时在规定的位置处设置,严禁任意拆除。

(10) 作业层设置应符合下列规定:

①脚手板必须铺满、铺实,外侧应设180mm挡脚板及1200mm高两道防护栏杆;

②防护栏杆应在立杆0.6m和1.2m的碗扣接头处搭设两道;

③作业层下部的水平安全网设置应符合现行国家标准《建筑施工安全检查标准》(JGJ 59—2011)的规定。

(11) 当采用钢管扣件作加固件、连墙件、斜撑时,应符合现行国家标准《建筑施工扣件式钢管脚手架安全技术规范》(JGJ 130—2011) 的有关规定。

八、双排脚手架拆除

(1) 在进行双排脚手架拆除时,必须按专项施工方案,在专门人员统一指挥下进行。

(2) 在正式拆除作业前,施工技术管理人员应对操作人员进行安全技术交底。

(3) 在双排脚手架拆除过程中,必须划出施工安全区,并设置警戒标志,派专人看守。

(4) 在脚手架拆除之前,应彻底清理脚手架上的器具及多余的材料和杂物。

(5) 拆除作业应按专项施工方案从顶层开始,逐层向下进行,严禁上下层同时拆除。

(6) 连墙件必须在双排脚手架拆到该层时方可拆除,严格禁止提前拆除连墙件。

(7) 拆除的构配件应采用起重设备吊运或人工传递到地面,不允许采取抛掷方法。

(8) 当双排脚手架采取分段、分立面拆除时,必须事先确定分界处的技术处理方案。

(9) 拆除的构配件应分类堆放,以便于运输、维护和保管。

九、脚手架检查与验收

1. 进入现场的构配件应具备以下证明资料:
①主要构配件应有产品标识及产品质量合格证;
②供应商应配套提供钢管、零件、铸件、冲压件等材质、产品性能检验报告。

2. 构配件进场应重点检查以下部位质量:

①钢管壁厚、焊接质量、外观质量；

②可调底座和可调托撑材质及丝杆直径、与螺母配合间隙等。

3. 双排脚手架搭设应重点检查下列内容：

①保证架体几何不变性的斜杆、连墙件等设置情况；

②基础的沉降，立杆底座与基础面的接触情况；

③上碗扣锁紧情况；

④立杆连接销的安装、斜杆扣接点、扣件拧紧程度。

4. 双排脚手架搭设质量应按下列情况进行检验：

①首段高度达到 6m 时，应进行检查与验收；

②架体随施工进度升高应按结构层进行检查；

③架体高度大于 24m 时，在 24m 处或在设计高度 $H/2$ 处及达到设计高度后，进行全面检查与验收；

④遇 6 级及以上大风、大雨、大雪后施工前检查；

⑤停工超过一个月恢复使用前。

5. 双排脚手架搭设过程中，应随时进行检查，及时解决存在的结构缺陷。

6. 双排脚手架验收时，应具备下列技术文件：

①专项施工方案及变更文件；

②安全技术交底文件；

③周转使用的脚手架构配件使用前的复验合格记录；

④搭设的施工记录和质量安全检查记录。

十、脚手架的安全管理

（1）作业层上的施工荷载应符合设计要求，不得超载，不得在脚手架上集中堆放模板、钢筋等物料。

（2）混凝土输送管、布料杆、缆风绳等不得固定在脚手架上。

(3) 遇 6 级及以上大风、雨雪、大雾天气时，应停止脚手架的搭设与拆除作业。

(4) 脚手架使用期间，严禁擅自拆除架体结构杆件；如需拆除必须修改施工方案并报请原方案审批人批准，确定补救措施后方可实施。

(5) 严禁在脚手架基础及邻近处进行挖掘作业。

(6) 脚手架应与输电线路保持安全距离，施工现场临时用电线路架设及脚手架接地防雷措施等应按国家现行标准《施工现场临时用电安全技术规范》(JGJ 46—2005) 的有关规定执行。

(7) 搭设脚手架人员必须持证上岗。上岗人员应定期体检，合格者方可持证上岗。

(8) 搭设脚手架人员必须戴安全帽、系安全带、穿防滑鞋。

第四节 扣件式钢管脚手架施工方案

一、扣件式钢管脚手架施工方案编制依据

扣件式钢管脚手架编制依据主要有：《建筑施工扣件式钢管脚手架安全技术规范》(JGJ 130—2011)；《建筑施工安全检查标准》(JGJ 59—2011)；《建筑施工高处作业安全技术规范》(JGJ 80—2016)；《北京市建筑施工现场安全防护基本标准》等。

二、扣件式钢管脚手架材料要求

1. 对钢管的要求

(1) 钢管规格及材质要求。钢管均采用直径 48mm、壁厚 3.5mm 高频焊接钢管。其材质应符合现行国家标准《碳素结构钢》(GB/T 700—2006) 中 Q235-A 级钢的规定。

(2) 外观检查。钢管外观应平直光滑，没有裂缝、折痕、结

疤、分层、严重锈蚀（内、外壁）和硬弯曲等现象，钢管必须涂有防锈漆。

（3）钢管上严禁打孔。

2. 对扣件的要求

（1）扣件材质。采用可锻铸铁制作的扣件，其材质应符合现行国家标准《钢管脚手架扣件》（GB 15831—2006）的规定。

（2）外观检查。扣件在使用前应进行质量检查，有裂纹、缺爪、螺栓断丝或滑丝的扣件严禁使用。

3. 对脚手板的要求

脚手板均采用 50mm 厚、宽度不小于 200mm 的松木板，其材质应符合现行国家标准《木结构设计规范》（GB 50005—2017）中Ⅱ级材质的规定，不得使用腐朽的脚手板。

4. 对安全网的要求

（1）平网。平网材质、网绳直径、网眼尺寸、断裂强度应符合现行标准《安全网》（GB5725—2009）的规定。

（2）密目安全立网。密目安全立网的网目密度不低于 800 目 $/100cm^2$，其技术要求应符合《安全网》（GB 5725—2009）的规定。

（3）阻燃性。安全网必须具有阻燃性，其续燃、阴燃时间均不超过 4s。

三、扣件式钢管脚手架搭设要求

（1）搭设基本尺寸 外架搭设基本尺寸见表 7-1。

表 7-1 外架搭设基本尺寸表 (m)

立杆纵距 L_a	立杆横距	步距	横杆水平距		连墙杆	备注
			作业层	非作业层		
1.50	1.00	1.80	$L_a/2$	L_a	不大于 2步3跨	

(2) 底座的设置

①垫板定位。立杆应事先进行尺寸排列设计，使垫板准确地放在定位线上。

②垫板长度。垫板宜采用长度不少于 2 跨，厚度不小于 50mm 的木垫板或槽钢。

③立杆垫座。垫座采用 150mm×150mm×10mm 钢板，中间加焊 100mm 长、直径 20mm 的钢筋；为防止位移，将垫块钢板用 2 寸铁钉固定在下部木垫板上。

(3) 扫地杆设置

①落地式脚手架均设纵、横向扫地杆。

②纵向扫地杆距底座≯200mm，横向扫地杆用直角扣件固定在紧靠纵向扫地杆下方的立杆上。

(4) 立杆的设置

①立杆接长。除顶层、顶部可采用搭接外，其余各层各步距接头必须采用对接扣件连接。对接、搭接与搭设应符合下列规定：

a. 立杆对接接头位置。两根相邻立杆的对接接头不应设置在同一步内，同步内隔一根立杆的两个接头在高度方向错开的距离不宜小于 500mm；各接头中心至主节点的距离不宜大于步距的 1/3；

b. 立杆搭接。搭接长度不应小于 1m，应采用不少于 2 个旋转扣件固定，端部扣件盖板的边缘至杆端距离不应小于 100mm。

②顶层立杆。立杆顶端应高出女儿墙 1.2m，高出檐口上皮 1.5m。

③立杆与抛撑。开始搭设立杆时，应每隔 6 跨设置一根抛撑，直至连墙件安装稳定后，方可根据情况拆除。

④立杆必须用钢管与墙可靠连接。

(5) 纵向水平杆（大横杆）

①搭设相对位置。纵向水平钢管宜设置在立杆内侧,其长度不应小于3跨。

②接长方法。纵向水平杆接长宜采用对接扣件连接,也可采用搭接,搭接长度≮1m,应等间距设置3个扣件,杆端距扣件盖板边缘≮100mm。

③对接扣件交错布置。两根相邻纵向水平杆的接头不宜设置在同步或同跨内;不同步或不同跨两个相邻接头在水平方向错开的距离不应小于500m;各接头中心至最近主节点的距离不宜大于纵距的1/3。

④纵向水平杆搭设交圈。在封闭型脚手架的同一步中,纵向水平杆应四周交圈。

(6) 横向水平杆（小横杆）

①与主节点关系。主节点处必须设置一根横向水平杆,用直角扣件固定在紧靠纵向水平杆上面的立杆上,且严禁拆除。

②搭设位置。横向水平杆两端用直角扣件固定在纵向水平杆的上面。

③靠墙一侧外伸长度。在双排脚手架中,横向水平杆靠墙一端的外伸长度不应大于立杆横距的0.4倍,且不大于500mm。横向水平杆杆端搭设离装饰面距离宜≯100mm。

④横向水平杆在主节点处,杆端伸出扣件边缘不应小于100mm。

(7) 连墙杆的设置

①距主节点距离。连墙杆宜靠近主节点设置,偏离主节点的距离不应大于300mm。

②设置顺序。连墙杆应从底层第一步纵向水平杆处开始设置。当搭至有连墙件的构造点时,在搭设完该处的立杆、纵向水平杆、横向水平杆后,应立即设置连墙杆。如脚手架施工操作层高出两步时,应采取临时措施,直到上一层连墙杆搭设完后方可

根据情况拆除。

③连墙杆布置的最大间距应符合表 7-2 规定。

表 7-2　连墙杆布置最大间距

脚手架高度		竖向间距（m）	水平间距（m）	每根连墙杆覆盖面积（m²）
双排脚手架	≤50m	—	—	—
	>50m	$2h$	$3L_a$	≤3.6×4.5

注：h 为步距；L_a 为纵距。

④连墙杆与墙的连接方法。在剪力墙上或在框架柱上预埋直径 63mm 塑料管，连墙钢管一端穿过预埋塑料管，紧靠墙的两面设置扣件；连杆另一端与架体的纵向水平杆或立杆相连接。高度超过 24m 必须采用刚性连墙杆。严禁使用仅有拉筋的柔性连墙件。

(8) 脚手板的设置

①作业层的脚手板应铺满，铺稳，离开墙面 150mm。

②脚手板应设置在 3 根横向水平杆上。

③脚手板接头。脚手板的铺设可采用对接平铺或搭接铺设。对接铺设时，接头处必须设置两根横向水平杆，两杆间的距离≯300mm，脚手板外伸长度 130～150mm；当采用搭接铺设时，接头必须支在横向水平杆上，搭接长度≥200mm，底部的板伸出横向水平杆的长度≥100mm。

④在拐角、斜道平台口处的脚手板，应与横向水平杆可靠连接，防止产生滑动。

⑤脚手板垂直铺设间距。规范规定，自顶层作业层的脚手板向下每 12m 满铺一层脚手板。

⑥脚手板探头应用直径 3.2mm 的镀锌铁丝固定在支承杆上。

(9) 剪刀撑的设置

双排脚手架应设剪刀撑与横向斜撑。

剪刀撑的设置应符合下列规定:

①高度在 24m 以上双排脚手架,应在外侧立面整个长度和高度上连续设置剪刀撑。

②每道剪刀撑宽度不应小于 4 跨,并不应小于 6m,斜杆与地面的倾角宜在 45°～60°之间。每道剪刀撑跨越立杆的根数应符合表 7-3 规定:

表 7-3 剪刀撑跨越立杆的最多根数

剪刀撑斜杆与地面的倾角	45°	50°	60°
剪刀撑跨越立杆的最多根数	7	6	5

③剪刀撑的接长。剪刀撑接长宜采用搭接,接长度≮1m,用 3 个扣件连接,扣件盖板边缘≮100mm。

④旋转扣件固定在与之相交的横向水平杆的伸出端或立杆上,旋转扣件中心线至主节点的距离不宜大于 150mm。

⑤剪刀撑从架体端部开始设置。

⑥剪力撑、横向斜撑搭设:应随立杆、纵向和横向水平杆同步搭设,各底层斜杆下端均必须支承在垫板上。

(10) 横向斜撑的设置

①横向斜撑应在同一节间,由底至顶层呈之字形连续布置。

②高度在 24m 以上的封闭型脚手架,除拐角应设置横向斜撑外,中间应当每隔 6 跨设置一道。

(11) 门洞的设置

①双排脚手架门洞采用上升斜杆、平行弦杆桁架结构形式。门洞桁架的型式应符合下列要求:

a. 双排脚手架门洞处的空间桁架,除下弦平面外,应在其余 5 个平面内的节间设置一根斜腹杆。

b. 斜腹杆宜采用旋转扣件固定在与之相交的横向水平杆的伸出端上,旋转扣件中心线至主节点的距离不宜大于 150mm。

c. 斜腹杆应采用通长杆件。

②门洞桁架下的两侧立杆应为双立杆，副立杆高度应高于门洞1~2步。

③门洞桁架中伸出的上下弦杆的杆件端头，均应增设一个防滑扣件，该扣件应紧靠主节点处的扣件。

（12）扣件安装要求

①扣件规格必须与钢管外径匹配。

②螺栓拧紧力矩不应小于40N·m，且不大于60N·m。

③在主节点固定横向水平杆、纵向水平杆、剪刀撑、横向撑等用的直角扣件、旋转扣件的中心点的相互距离不应大于150mm。

④对接扣件开口应朝上或朝内。

⑤各杆件端头伸出扣件盖板边缘的长度不应小于100mm。

（13）栏杆与挡脚板的搭设

①栏杆与挡脚板均应搭设在外立杆的内侧。

②上栏杆上皮高度应为1.2m。

③中栏杆应居中设置。

④挡脚板高度不应小于180mm。

（14）安全网搭设

①网材的合格性。新安全网必须有产品合格证书，旧网必须有允许使用的证明书或有合格的检验记录（现场承载力合格性试验）。

②系结点。在每个系结点上，边绳应与支撑物（架）靠紧，并用一根独立的绳系连接，系结点沿网边均匀分布，其结点间的距离不大于750mm。系绳结点牢固又易解，受力后不会散脱为准。不得用铁丝代替系绳。

③网与网的连接。多张网连接使用时，相邻部分应靠紧或重叠，连接系绳的材质与网绳相同。

④架体上水平网的垂直间距。双排脚手架内水平兜网的垂直布置，与木脚手板每3步间隔设置，并在水平网上铺设密目网。

⑤立网搭设。立网随脚手架及时搭设，立网底部必须与脚手架全部封严。

四、扣件式钢管脚手架拆除要求

1. 拆除脚手架前的准备工作

（1）应全面检查脚手架的扣件连接、连墙杆、支撑体系等是否符合构造要求。

（2）应根据检查结果补充施工方案中拆除规定和措施，经批准后方可实施。

（3）应清除脚手架子上的其他材料、杂物及地面障碍物。同时拆除架体上的临时用电线。

2. 拆除脚手架时应遵守下列规定

①拆除一般顺序。拆除作业必须由上而下逐层进行，严禁上下同时作业。

②拆连墙杆。连墙杆必须随脚手架逐层拆除，严禁先将连墙杆整层或数层拆除后再拆脚手架。

③分段拆除法。分段拆除高差不应大于2步。如高差大于2步时，应增设连墙杆加固。

④拆下部最后一根立杆。当脚手架拆至下部最后一根长立杆的高度（约6.5m）时，应先在适当位置搭设临时抛撑加固后，再拆除连墙杆。

⑤分立面拆除法。当脚手采取分立面拆除时，对不拆除的脚手架两端，应按规定设置连墙杆和横向斜撑加固。

⑥卸料。卸料时，各构配件严禁抛至地面。

五、脚手架的检查与验收

对脚手架的检查与验收应严格遵照《建筑施工扣件式钢管脚

手架安全技术规范》(JGJ 130—2011) 的要求进行。

1. 构配件检查验收

对脚手架构配件的检查与验收，应按照表 7-4 中规定的内容进行。

表 7-4　构配件检查与验收主要内容

钢管		扣件		脚手板
新钢管	旧钢管	新扣件	旧扣件	
产品合格证、质检报告、外观、管径、壁厚	锈蚀深度≤ 0.5mm，变形弯曲状况	生产许可证、质量合格证、防锈	外观检查，有裂缝、变形的严禁使用，有滑丝的螺栓必须更换	宽≤200mm、厚不小于50mm，腐朽的不得使用

2. 脚手架检查验收

(1) 搭设阶段性检查与验收。脚手架搭设阶段性检查与验收内容，应按照表 7-5 中规定的内容进行。

表 7-5　脚手架阶段性检查与验收内容

阶段	初次	中 间 验 收			顶 层
时间	基础完工后及脚手架搭设前	每搭完10～13m高度后	每作业层加荷前	遇有六级大风、大雨后，冬季开冻后	达到设计高度后

(2) 在使用中应定期检查的项目。脚手架在使用中定期检查的项目，应按照表 7-6 中规定的内容进行。

表 7-6　脚手架在使用中定期检查的项目

项目	杆件	底座	扣件	架体位移	荷载	安全措施
内容	杆件的设置和连接，连墙杆、支撑、门洞桁架等是否符合构造要求	底座是否松动，立杆是否悬空，地基是否积水	扣件是否短缺，螺丝是否松动	立杆的沉降与垂直度是否超过规定	是否超载	安全防护措施是否符合要求

(3) 双排脚手架搭设要求

双排脚手架搭设允许偏差，应符合表 7-7 中的要求。

表 7-7 双排脚手架搭设允许偏差（mm）

序号	内容	项目		技术要求	允许偏差
1	立杆垂直度	最后验收	搭设高 20~80m	—	±100
		搭设中检查偏差的高度	$H=2m$		±7
			$H=10m$		±20
			$H=20m$		±40
			$H=30m$		±60
			$H=40m$		±80
			$H=50m$		±100
2	间距	步距		—	±20
		纵距			±50
		横距			±20
3	横向水平杆外伸长度	外伸 500mm		—	-50
4	扣件安装	主节点处各扣件中心相互距离		$a≤150mm$	—
		同步立杆上两个相隔对接扣件的高差		≥500mm	
		立杆上的对接扣件至主节点的距离		$≤h/3$	
		纵向水平杆上的对接扣件至主节点距离		$a≤L/3$	
		扣件螺栓拧紧扭矩		40~60 N·m	
5	脚手架外伸长度	见规范（JGJ 130—2011）中的规定			—

六、扣件式钢管脚手架安全管理

(1) 持证上岗。脚手架搭设人员必须持证上岗，并定期体检合格。

（2）安全保护用品。作业人员必须戴安全帽、系安全带、穿防滑鞋。

（3）架体合格后使用。脚手架的构配件质量与搭设质量，应检查验收合格后方准使用。

（4）控制荷载。作业层上的活荷载不得超过 $2kN/m^2$。不得将模板支撑、缆风绳、混凝土泵送管等固定在脚手架上；严禁悬挂起重设备。

（5）当有六级及六级以上大风和雾、雨、雪天气时应停止脚手架搭设与拆除作业。雨、雪后上架作业应有防滑措施，并应扫除积雪。

（6）在脚手架使用期间，严禁拆除下列杆件：①主节点处的纵向水平杆、横向水平杆、纵扫地杆、横扫地杆；②连墙杆。

（7）不得在脚手架基础及其邻近处进行挖掘作业，否则应采取措施，并报安全部门批准。

（8）若脚手架相邻侧为钢筋加工区域，应搭设双层木板（50mm/层）防护棚。

（9）在脚手架上进行电焊和气焊作业时，必须有防火措施和专人看守。

（10）用电线路在架体上时应有绝缘措施，不得乱拉乱拖。

（11）脚手架接地、避雷措施等应符合用电技术规范。

（12）安全网应按规定搭设和拆除

①使用前合格性检验。安全网搭设后，必须经专职安全员验收合格后方可使用。

②使用期间的检查。对安全网使用期间进行定期与不定期的检查，主要查验网绳是否有被解开、破损等现象；

③清理。安全网内的杂物、垃圾等应及时清理干净。

（13）搭拆脚手架时，地面应设围栏和警戒标志，并派专人看守，严禁非操作人员入内。

第五节　悬挑式脚手架专项施工方案

一、施工方案编制依据

悬挑式脚手架专项施工方案的编制依据主要包括：《建筑施工扣件式钢管脚手架安全技术规范》（JGJ 130—2011）、《建筑结构荷载规范》（GB 50009—2006）、《钢结构设计规范》（GB 50017—2017）、《建筑施工安全检查标准》（JGJ 59—2011）、《建筑施工高处作业安全技术规范》（JGJ 80—2016）、《建筑施工计算手册》，江正荣编著、中国建筑工业出版社出版的《建筑施工脚手架构造与计算手册》，北京土木建筑学会主编、中国电力出版社出版的《建筑施工脚手架实用手册》，杜荣军主编、中国建筑工业出版社出版的《建筑地基基础设计规范》（GB 50009—2012）、《混凝土结构设计规范》（GB 50010—2010），本工程设计施工图纸，本工程施工组织设计。

二、施工方案的选择

考虑到施工工程、工程质量、施工安全和承包合同等方面的要求，结合工程的实际情况，在选择脚手架施工方案时，应充分考虑以下几个方面：

（1）脚手架的架体结构设计，力求做到构造简单、安全可靠、便于搭拆、经济合理。

（2）在规定的使用条件下和规定的使用期限内，能够充分满足预期的安全性和耐久性要求。

（3）在选用脚手架的材料时，力求做到常见通用、可周转利用，并便于维修和保养。

（4）脚手架的结构选型，力求做到受力明确，构造措施到位，升降搭拆方便，便于检查验收。

（5）综合以上几点，脚手架的搭设，还必须符合《建筑施工安全检查标准》（JGJ 59—2011）的要求，符合文明施工的有关标准。

（6）结合以上脚手架设计原则，脚手架施工方案如下：

①3层以下采用落地式钢管脚手架；

②3层以上采用普通型钢悬挑脚手架，分为五个悬挑段：3~8层为第1悬挑段；9~14层为第2悬挑段；15~20层为第3悬挑段；21~26层为第4悬挑段；27~构架顶层为第5悬挑段。

③南、北、东、西四个入口处标高在54.80~58.60m间的外架，结合超高模板架方案综合考虑后给予明确。

三、脚手架材料的选择

钢管落地脚手架选择

（1）钢管落地脚手架，选用外径48mm、壁厚3.5mm的钢管，钢管的强度等级为Q235-A，钢管表面应平直光滑，不应有裂纹、分层、压痕、划道和硬弯，新进的钢管要有出厂质量合格证。在脚手架正式搭设前，必须对进场的钢管按规定取样，送有相应资质的试验单位，进行钢管的抗拉、抗弯等力学试验，试验结果满足设计要求后，方可在施工中使用。

（2）钢管脚手架搭设应使用可锻造扣件，其质量应符合现行国家标准《钢管脚手架扣件标准》（GB 15831—2006）中的要求，由有生产许可证的厂家提供，不得有裂纹、气孔、缩松、砂眼等质量缺陷。扣件的规格应与钢管相匹配，贴面处应比较平整，活动部位灵活，夹紧钢管时开口处最小距离不小于5mm。钢管螺栓拧紧力矩达65N·m时不得破坏。如果使用旧扣件时，扣件必须取样送有资质的试验单位，进行扣件抗滑力试验，试验结果满足设计要求后,方可在施工中使用。

(3) 搭设脚手架前应对钢管和扣件进行保养,进行除锈并统一涂色,颜色力求鲜明、环境美观。脚手架立杆、防护栏杆、踢脚杆统一涂黄色,剪刀撑统一涂红白相间色。底排立杆、扫地杆也统一涂红白相间色。

(4) 脚手板、脚手片应符合下列要求:

① 木脚手板应使用厚度不小于 50mm 和材质不低于国家 Ⅱ 等标准的杉木或松木板,板宽 200~300mm,两端使用 10~14 号镀锌钢丝捆紧。禁止使用有扭纹、破裂和横透疖的木板。

② 竹串脚手板应使用宽度不小于 60mm 的竹片和直径 5~10mm 间距不大于 600mm 的拼接螺栓制作,孔径应紧密配合,螺栓必须可靠紧固。

③ 各种定型冲压钢脚手板、焊接钢脚手板、钢框镶板脚手板以及自行加工的各种形式金属脚手板,自重均不宜超过 0.3kg,性能应符合设计使用要求,且表面应具有防滑、防积水构造。

④ 使用大块铺面板材(如胶合板、竹笆板等)时,应进行设计和验算,确保满足承载和防滑要求。

(5) 安全网宜采用密目式安全网,网目应满足 2000 目/100cm^2 的要求,进行耐贯穿试验时不穿透,1.6m×1.8m 的单张安全网质量应在 3kg 以上,颜色应满足环境效果要求,一般宜选用绿色。安全网应具有要求的阻燃性能,必须有产品生产许可证和质量合格证,以及建筑安全监督管理部门发放的准用证。

(6) 脚手架的连墙杆宜采用钢管,其材质应符合现行的国家标准《碳素结构钢》(GB/T 700—2006)中 Q235A 钢的要求。

(7) 型钢水平悬挑杆采用 16a 号槽钢;预埋螺栓的直径为 20mm。

(8) 选用 6×19 钢丝绳,钢丝绳的公称抗拉强度为 1700MPa,直径为 15.5mm。

四、脚手架搭设工艺流程及要求

落地钢管脚手架搭设的工艺流程为：场地平整与夯实→地基承载力试验→搭设材料配备→定位设置通长脚手板与底座→搭设纵向扫地杆→架设脚手架立杆→搭设横向扫地杆→设置小横杆→设置大横杆→搭设连墙杆→铺设脚手板→设置防护栏杆→设置安全网。

定距定位。根据构造要求在建筑物四角量出内、外立杆离墙体的距离，并做好标记；用钢卷尺拉直，分别定出各立杆的位置，并用木桩进行标记；垫板和底座应准确地放在定位线上，垫板必须铺放平整，不得悬空。

在搭设首层脚手架的过程中，沿四角每个框架内设一道斜支撑，拐角处除应双向增设外，待该部位脚手架与主体结构的连墙杆可靠连接后方可拆除。当脚手架操作层高出连墙杆两步时，宜先立外排，后立内排。其余按下列构造要求进行搭设。

（一）落地钢管脚手架

1. 立杆基础

脚手架基础利用基坑支护平台混凝土，混凝土硬化厚度不小于10cm。地基承载力能够满足外脚手架的搭设要求。

2. 立杆间距

（1）脚手架立杆纵距1.50m、横距1.05m、步距1.80m；连墙杆的间距竖直3.60m，水平间距为4.50m（即两步三跨）；里立杆距建筑物为0.30m。

（2）脚手架的底部立杆采用不同长度钢管参差布置，使钢管立杆的对接接头交错分布，高度方向相互错开应在500mm以上，且要求相邻接头不在同步同跨内，以保证脚手架的整体性。

（3）立杆底部应设置垫木，并设置纵向和横向扫地杆，连接于立脚点的杆上，距离底座20cm左右。

(4) 立杆的垂直偏差应控制在不大于架高的 1/400。

(5) 立杆与水平纵横向水平杆的构造，应符合《建筑施工扣件式钢管脚手架安全技术规范》(JGJ 130—2011) 中的要求。

3. 大小横杆的设置

(1) 大横杆在脚手架高度方向的间距为 1.80m，以便立安全网的挂设，大横杆置于立杆的里面，每侧的外伸长度为 150mm。

(2) 外脚手架按立杆与大横杆交点处设置小横杆，两端固定在立杆上，以形成空间结构整体受力。

4. 剪刀撑的设置

脚手架外侧立面的两端各设置一道剪刀撑，并应由底至顶连续设置；中间各道剪刀撑之间的净间距不应大于 15m。剪刀撑斜杆的接长宜采用搭接，搭接的长度不小于 1.0m，应采用不少于 2 个旋转扣件固定。剪刀撑斜杆应用旋转扣件固定在与之相交的横向水平杆的伸出端或立杆上，旋转扣件中心线离主节点的距离不宜大于 150mm。

5. 脚手板铺设要求

(1) 脚手架里排立杆与结构层之间均应铺设木板，木板的宽度为 200mm，里外立杆之间应满铺脚手板，并且不得有探头板。

(2) 满铺层的脚手片必须垂直墙面横向铺设，一定要铺设到位，不留任何空位，不能满铺之处必须采取有效的防护措施。

(3) 脚手片必须用 12~14 号双股铅丝并联绑扎，不得少于 4 个绑扎点，必须绑扎牢固，交接处应平整，铺设时要选择完好无损的脚手片，发现有破损的要及时更换。

6. 防护栏杆的设置

(1) 脚手架的外侧应采用建设主管部门认证的合格绿色密目式安全网封闭，且将安全网固定在脚手架外立杆里侧。

(2) 应选用质量合格的 18 号铅丝张挂安全网，安全网张挂必须严密、牢靠、平整。

（3）脚手架的外侧必须设置 1.2m 高的防护栏杆和 30cm 高的踢脚杆，顶排的防护栏杆不少于 2 道，其高度分别为 0.9m 和 1.3m。

（4）脚手架的内侧形成临边的（如遇大开间门窗洞等），在脚手架的内侧必须设置 1.2m 高的防护栏杆和 30cm 高的踢脚杆。

（5）脚手架的上门洞、出入口应按照设计和有关规定进行搭设。脚手架搭设施工还应当包括安全通道。

7. 连墙杆的设置

（1）脚手架与建筑物按计算书中连墙杆布置要求设拉结点。当楼层高度超过 4m 时，则应在水平方向加密，如楼层高度超过 6m 时，则按水平方向每 6m 设置一道斜拉钢丝绳。

（2）拉结点在转角范围内和顶部处应适当加密，即在转角 1m 以内范围按垂直方向每 3.6m 设置一个拉结点。

（3）拉结点应保证确实牢固，防止其发生移动变形，且尽量设置在外架大小横杆节点处。

（4）外墙在装饰施工阶段的拉结点，也应满足以上所述要求，确因施工需要去掉原拉结点时，必须重新补设可靠、有效的临时拉结点，以确保外脚手架的安全可靠。

8. 架体内的封闭

（1）脚手架的架体里立杆距墙体净距最多为 200mm，如因结构设计的限制大于 200mm 的必须铺设站人板，设置的站人板必须平整牢固。

（2）脚手架施工层里立杆与建筑物之间，应采用脚手片或木板进行封闭。

（3）施工层以下外脚手架每隔 3 步以及底部应用密目式安全网或其他措施封闭。

（二）普通型钢管悬挑脚手架

普通型钢管悬挑脚手架的施工工艺为：设置水平悬挑→设置

纵向扫地杆→架设立杆→设置横向扫地杆→架设小横杆→设置大横杆→设置剪刀撑→架设连墙杆→铺设脚手板→设置防护栏杆→张挂安全网。

定距定位。根据构造要求在建筑物四角量出内、外立杆离墙体的距离，并做好标记；用钢卷尺拉直，分别定出各立杆的位置，并用木桩进行标记；垫板和底座应准确地放在定位线上，垫板必须铺放平整，不得悬空。

在搭设首层脚手架的过程中，沿四角每个框架内设一道斜支撑，拐角处除应双向增设外，待该部位脚手架与主体结构的连墙杆可靠连接后方可拆除。当脚手架操作层高出连墙杆两步时，宜先立外排，后立内排。其余按下列构造要求进行搭设。

1. 立杆间距

（1）脚手架立杆纵距 1.50m、横距 1.05m、步距 1.80m；连墙杆的间距竖直 3.60m，水平间距为 4.50m（即两步三跨）；里立杆距建筑物为 0.30m。

（2）脚手架的底部立杆采用不同长度钢管参差布置，使钢管立杆的对接接头交错分布，高度方向相互错开应在 500mm 以上，且要求相邻接头不在同步同跨内，以保证脚手架的整体性。

（3）立杆底部应设置垫木，并设置纵向和横向扫地杆，连接于立脚点的杆上，距离底座 20cm 左右。

（4）立杆的垂直偏差应控制在不大于架高的 1/400。

2. 大小横杆的设置

（1）大横杆在脚手架高度方向的间距为 1.80m，以便立安全网的挂设，大横杆置于立杆的里面，每侧的外伸长度为 150mm。

（2）外脚手架按立杆与大横杆交点处设置小横杆，两端固定在立杆上，以形成空间结构整体受力。

3. 剪刀撑的设置

脚手架外侧立面的两端各设置一道剪刀撑，并应由底至顶连续设置；中间各道剪刀撑之间的净间距不应大于 15m。剪刀撑斜杆的接长宜采用搭接，搭接的长度不小于 1.0m，应采用不少于 2 个旋转扣件固定。剪刀撑斜杆应用旋转扣件固定在与之相交的横向水平杆的伸出端或立杆上，旋转扣件中心线离主节点的距离不宜大于 150mm。

4. 脚手板铺设要求

（1）脚手架里排立杆与结构层之间均应铺设木板，木板的宽度为 200mm，里外立杆之间应满铺脚手板，并且不得有探头板。

（2）满铺层的脚手片必须垂直墙面横向铺设，一定要铺设到位，不留任何空位，不能满铺之处必须采取有效的防护措施。

（3）脚手片必须用 12～14 号双股铅丝并联绑扎，不得少于 4 个绑扎点，必须绑扎牢固，交接处应平整，铺设时要选择完好无损的脚手片，发现有破损的要及时更换。

5. 防护栏杆的设置

（1）脚手架的外侧应采用建设主管部门认证的合格绿色密目式安全网封闭，且将安全网固定在脚手架外立杆里侧。

（2）应选用质量合格的 18 号铅丝张挂安全网，安全网张挂必须严密、牢靠、平整。

（3）脚手架的外侧必须设置 1.2m 高的防护栏杆和 30cm 高的踢脚杆，顶排的防护栏杆不少于 2 道，其高度分别为 0.9m 和 1.3m。

（4）脚手架的内侧形成临边的（如遇大开间门窗洞等），在脚手架的内侧必须设置 1.2m 高的防护栏杆和 30cm 高的踢脚杆。

（5）脚手架的上门洞、出入口应按照设计和有关规定进行搭设。脚手架搭设施工还应当包括安全通道。

6. 连墙杆的设置

（1）脚手架与建筑物按计算书中连墙杆布置要求设拉结点。当楼层高度超过 4m 时，则应在水平方向加密，如楼层高度超过

6m 时,则按水平方向每 6m 设置一道斜拉钢丝绳。

(2) 拉结点在转角范围内和顶部处应适当加密,即在转角 1m 以内范围按垂直方向每 3.6m 设置一个拉结点。

(3) 拉结点应保证确实牢固,防止其发生移动变形,且尽量设置在外架大小横杆节点处。

(4) 外墙在装饰施工阶段的拉结点,也应满足以上所述要求,确因施工需要去掉原拉结点时,必须重新补设可靠、有效的临时拉结点,以确保外脚手架的安全可靠。

7. 架体内的封闭

(1) 脚手架的架体里立杆距墙体净距最多为 200mm,如因结构设计的限制大于 200mm 的必须铺设站人板,设置的站人板必须平整牢固。

(2) 脚手架施工层里立杆与建筑物之间,应采用脚手片或木板进行封闭。

(3) 施工层以下外脚手架每隔 3 步以及底部应用密目式安全网或其他措施封闭。

支承结构型钢的纵向间距与上部脚手架的立杆纵向间距相同,立杆直接支承在悬挑的支承结构上。上部脚手架立杆与支承结构应有可靠的定位连接措施,以确保上部架体的稳定。通常采用在挑梁或纵向钢梁上焊接长 150~200mm、外径 40mm 的钢管,立杆套座在其外侧,同时在立杆下部设置扫地杆。

五、脚手架搭设具体要求

(1) 为确保工程施工进度的需要,根据工程的结构特征和外脚手架的工程量,确定工程外脚手架的搭设人员,所有施工人员必须持有上岗作业证书。

(2) 为确保脚手架搭设质量和进度,建立由项目经理、施工员、安全员、脚手架搭设技术员组成的管理机构,搭设负责人负有指挥、调配、检查的直接责任。

（3）外脚手架的搭设和拆除，均必须由技术负责人检查认可，方可进行施工作业，搭设中应配备足够数量的辅助人员和必要的工具。

（4）本工程脚手架的搭设和拆除，以必须满足总体施工的进度要求为原则，并以此原则来配置足够数量的脚手架施工人员和材料。

六、脚手架的检查与验收

（1）脚手架搭设完毕或分段搭设完毕后，应按规定对脚手架工程的搭设质量进行检查，经检查合格后方可交付使用。

（2）高度在20m及20m以下的脚手架，应由单位工程负责人组织检查验收。高度大于20m的脚手架，应由上一级技术负责人随工程分阶段组织单位工程负责人及有关的技术人员进行检查验收。

（3）脚手架检查验收应具备下列文件：①脚手架构配件的出厂合格证或质量分类合格标志；②脚手架工程的施工记录及质量检查记录；③脚手架搭设过程中出现的重要问题及处理记录；④脚手架施工的验收报告。

（4）脚手架工程的验收，除必须查验有关文件外，还应进行现场检查，检查应着重以下各项，并记入施工验收报告。

①搭设脚手架的构配件和加固件是否齐全，质量是否合格，连接和扣件是否紧固可靠。

②安全网的张挂位置、数量和质量是否符合要求，防护栏杆和扶手设置是否齐全、牢固。

③脚手架的基础是否平整、夯实，支垫是否符合要求。

④脚手架连墙件的数量、位置和设置是否符合要求，连接是否牢固可靠。

⑤脚手架杆件的垂直度及水平度是否合格,所有要求设置的杆件是否到位。

七、搭设的安全技术要求

(一) 脚手架搭设的保证措施

1. 技术保证措施

(1) 脚手架搭设完毕后,要用合格的密目式安全网"铺围"于脚手架的外围及底部。

(2) 搭设脚手架用的钢管和扣件,在进场前应经过严格挑选,其质量应符合现行行业标准《建筑施工扣件式钢管脚手架安全技术规范》(JGJ 130—2011) 中的规定。

(3) 所用的扣件在使用前应清理并加润滑油,扣件一定能上紧,不得有任何松动,每个螺栓的预紧力矩应在 $40 \sim 65 N \cdot m$ 之间。

(4) 脚手架的高度搭设到 10m 时,由脚手架搭设人员进行自检;脚手架搭设完毕后,由搭设人员会同施工单位、监理单位和质检单位对整个脚手架进行验收检查,验收合格后方可投入使用。

(5) 如果脚手架作为建筑物装饰作业时,安全防护屏障及装修时的作业平台,严禁将模板支架、缆风绳、泵送混凝土和砂浆输送管道等固定在脚手架上;脚手架上严禁悬挂起重设备和堆放过重的施工机具。

(6) 脚手架的安全性是由脚手架的整体性和结构的完整性来保证的,未经允许严禁任何人破坏脚手架结构或擅自拆除与搭设脚手架上的各构件。其中在脚手架使用期间,主节点处的纵向和横向水平杆、连墙杆等,决不允许拆除。

2. 质量保证措施

(1) 脚手架施工人员在作业前,必须进行岗位技术培训与安全教育，否则不允许参与这类工种的施工。

（2）施工单位的技术人员在脚手架搭设、拆除前，必须向具体操作人员进行安全技术交底，并要传达到所有参与施工的人员。

（3）脚手架必须严格依据制定的《施工方案》进行搭设，在搭设过程中，技术人员必须在现场监督搭设情况，保证质量达到设计要求。

（4）脚手架搭设完毕后，依据施工组织设计与单项作业验收表，认真对脚手架进行验收，对于不符合要求处，要限时或立即进行修改。

3. 安全保证措施

（1）脚手架的操作人员必须经过专门的安全技术培训，必须持有相关部门颁发的登高作业操作证方可上岗。

（2）脚手架在搭设（拆除）中要做到文明作业，不得从脚手架抛掷工具和物品；同时必须保证自身的安全，高空作业必须穿防滑鞋、戴安全帽、系安全带，未佩戴安全防护用品的不允许在脚手架上操作。

（3）在脚手架上施工的各工种作业人员，尤其是卸料平台上的施工人员，必须注意自身的安全；不得任意向下、向外抛掷、掉落物品，不得随意拆除安全防护装置。

（4）遇到雷雨、雾、雪及六级以上大风等天气，严禁进行脚手架的搭设和拆除。

（5）脚手架应设置专门的安全员对脚手架进行检查。

①在下列情况下，必须对脚手架进行检查：a. 在六级以上大风和大雨后；b. 停用两个月复工前；

②检查保修的项目：a. 各主节点各杆件的安装、连墙件等构造是否符合《施工方案》的要求；b. 扣件螺栓是否松动；c. 安全防护措施是否符合要求。

(6) 在脚手架上进行电焊和气焊作业时,必须有可靠的防护措施和专人看护,安全员要进行巡视检查。

(7) 脚手架位于临街面时,必须有防止坠落物体伤人的防护措施,应划出一定范围的安全防护区,并设专人指挥行人。

(8) 在搭设和拆除脚手架期间,地面应设置围栏和警戒标志,严禁非操作人员进入。

(二) 脚手架搭设的注意事项

(1) 钢管脚手架应设置避雷针,一般宜设置于主楼外架四角立杆之上,并联通大横杆,形成一个避雷网络,并检测接地电阻不大于30Ω。

(2) 外脚手架不得搭设在距离外架空线路的安全距离内,并做好可靠的安全接地处理。

(3) 定期检查脚手架,及时发现问题和隐患,在施工作业前进行维修加固,以确保坚固稳定,确保施工安全。

(4) 外脚手架严禁钢竹、钢木混合搭设,禁止扣件、麻绳、铅丝、竹篾、塑料篾、纤维等混用。

(5) 外脚手架的搭设人员必须持证上岗,并正确使用安全帽、安全带、穿防滑鞋和其他安全防护用品。

(6) 严禁脚手板出现探头板,铺设脚手板以及多层作业时,应尽量使施工荷载内、外传递均衡,不出现过大的偏差。

(7) 要确保脚手架的相对独立性和整体性,不得与井架、升降机一并拉结,不得出现截断架体现象。

(8) 结构外脚手架每搭设一层,在搭设完毕后,必须经项目部安全员检查验收合格后方可使用。任何人不经有关人员批准,不得任意拆除脚手架的任何部件。

(9) 严格控制施工荷载,脚手板上不得集中堆放料物或机具,施工荷载不得超过$3kN/m^2$,并确保有较大的安全储备。

(10) 结构施工时不允许多层同时进行作业,装修施工时同时作业的层数不得超过两层，临时性的悬挑架的同时作业层数也不得超过两层。

(11) 当作业层高出下层连墙件 3.6m 以上，且其上尚无连墙件时，应采取适当的临时撑拉措施。

(12) 脚手架的各作业层之间应设置可靠的防护栅栏，以防止坠落物体伤人。

八、脚手架拆除安全技术措施

(1) 在正式拆除之前，应全面检查拟拆的脚手架，根据检查的实际情况，拟定出作业计划，并报请有关部门批准，进行技术交底后才允许拆除。作业计划一般包括：拆除的方法和步骤，安全技术措施、材料堆放地点、劳动组织安排等。

(2) 在拆除脚手架时应划分作业区，周围设绳绑围栏或竖立警戒标志，地面应设专人指挥，禁止非作业人员进入作业区内。

(3) 拆除脚手架的高处作业人员，必须按要求戴安全帽、系安全带、穿防滑鞋、扎上裹腿、戴防护手套。

(4) 脚手架的拆除应遵循"由上而下、先搭后拆"的原则，即先拆拉杆、脚手板、剪刀撑、斜撑，而后拆小横杆、大横杆、立杆等，并按照"一步一清"的原则依次进行。严禁上下同时拆除作业。

(5) 在拆除立杆时，要先抱住立杆再拆开最后两个扣件；在拆除大横杆、斜撑和剪刀撑时，应先拆除中间的扣件，然后托住中间，再解开端头扣。

(6) 连墙件（拉结点）应随着拆除进度逐层拆除，在拆除抛撑时，应用临时撑支住，然后才能进行拆除。

(7) 在拆除脚手架时要精心组织，要统一指挥、上下呼应、动作协调；当解开与另一个人有关的结扣时，应事先通知对方，以防止出现坠落现象。

（8）在拆除脚手架之前，应查看其周围的环境情况，特别应注意在拆除中避免碰撞脚手架附近的电线，以防止出现触电事故。

（9）在拆除脚手架的作业中，一般不要中途换人，确实必须换人时，应将拆除情况交代清楚后方可离开。

（10）拆下的所有材料要有序运至地面，严禁随意抛掷。运至地面的材料应按指定地点随拆随运，做到当天拆除、当天清完，拆下的扣件和铁丝要集中回收处理。

（11）在进行高层建筑脚手架拆除时，为便于上下的及时联系和施工安全，应配备良好的通讯装置。

（12）脚手架所拆除的各种部件，应用运输工具将其送至地面，并及时按类堆放、整理保养。

（13）拆除脚手架未完成需停止作业时，应及时加固尚未拆除的部分，防止存留安全隐患，在复岗后造成人为事故。

（14）如遇到大风、雷雨、大雪和浓雾等特殊气候，不应再进行脚手架的拆除作业，特别应禁止在夜间拆除脚手架。

（15）在翻掀垫铺竹笆时，应特别注意站立的位置，并应按自外向里翻起竖立，防止外翻将竹笆内未清除的残留物从高处坠落伤人。

参考文献

[1] 中华人民共和国行业标准.《建筑施工扣件式钢管脚手架安全技术规范》(JGJ 130—2011)

[2] 中华人民共和国行业标准.《建筑施工门式钢管脚手架安全技术规范》(JGJ 128—2010)

[3] 中华人民共和国行业标准.《建筑施工工具式脚手架安全技术规范》(JGJ 202—2010)

[4] 中华人民共和国行业标准.《建筑施工高处作业安全技术规范》(JGJ 80—2016)

[5] 中华人民共和国行业标准.《建筑施工碗扣式钢管脚手架安全技术规范》(JGJ 166—2016)

[6] 中华人民共和国行业标准.《液压升降整体脚手架安全技术规程》(JGJ 183—2009)

[7] 中华人民共和国国家标准.《建筑施工脚手架安全技术统一标准》(GB 51210—2016)

[8] 高原主编.架子工.北京:中国计划出版社,2016

[9] 李继业、黄延麟.脚手架基础知识与施工技术[M].北京:中国建材工业出版社,2012

[10] 本书编委会.普通脚手架架子工[M].北京:中国建筑工业出版社,2017

[11] 郭俊峰.架子工.北京:化学工业出版社,2008

[12] 王晓斌、焦静.架子工安全技术[M].北京:化学工业出版社,2005

[13] 建设部人事教育司组织编写.架子工[M].北京:中国建筑工业出版社,2002